基于水环境保护的高原湖泊旅游容量研究

——以云南省异龙湖及泸沽湖为例

戴 丽 等 / 编著

中国环境出版集团 · 北京

图书在版编目（CIP）数据

基于水环境保护的高原湖泊旅游容量研究：以云南省异龙湖及泸沽湖为例/戴丽等编著. —北京：中国环境出版集团，2023.1
ISBN 978-7-5111-5386-9

Ⅰ. ①基… Ⅱ. ①戴… Ⅲ. ①高原—湖泊—旅游环境容量—研究—云南 Ⅳ. ①X26

中国版本图书馆 CIP 数据核字（2022）第 244325 号

出 版 人 武德凯
责任编辑 丁莞歆
封面设计 宋 瑞

出版发行 中国环境出版集团
（100062 北京市东城区广渠门内大街 16 号）
网 址：http://www.cesp.com.cn
电子邮箱：bjgl@cesp.com.cn
联系电话：010-67112765（编辑管理部）
010-67147349（第四分社）
发行热线：010-67125803，010-67113405（传真）

印 刷 玖龙（天津）印刷有限公司
经 销 各地新华书店
版 次 2023 年 1 月第 1 版
印 次 2023 年 1 月第 1 次印刷
开 本 787×1092 1/16
印 张 11.75
字 数 230 千字
定 价 96.00 元

本书主要编著人员

戴　丽* 吴　倩　王慧梅* 柳佳琦

（*为云南省生态环境科学研究院研究人员）

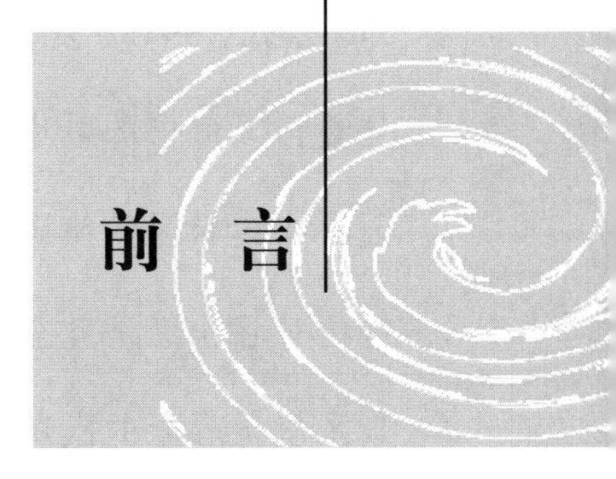

前 言

自20世纪80年代开始，我国旅游业进入起步阶段并持续快速增长，为我国的经济发展、文化繁荣、社会进步做出了不可磨灭的贡献；同时，其负面效应也开始逐渐显现。环境污染、文化冲击、资源破坏、景观质量下降等问题给旅游资源的可持续开发和利用带来了巨大压力。在一定的时间和空间范围内，任何一个景区的旅游容量都是一定的，如果景区接待的游客数量超过了其合理的旅游容量限制，不但会对景区的环境造成破坏，还会影响游客的旅游体验，进而阻碍景区的可持续发展。因此，游客超载问题已成为景区管理者及相关部门关注的问题。旅游容量关系到游客的满意程度与旅游效果，并会直接对旅游景区的发展前景产生影响。

本书以云南省重污染湖泊异龙湖及良好湖泊泸沽湖为例，对两湖景区2020年、2025年、2035年的旅游容量进行研究，在两湖环境承载力条件下，通过研究和总结旅游容量量化方法，并结合景区的实际情况，利用文献查阅、问卷调查、实地调查、统计分析等方法构建了异龙湖和泸沽湖的旅游容量评价体系，对两湖景区的旅游容量进行了量化分析。综合比较权重赋值法和木桶原理法这两种计算方法，采用木桶原理法计算出的旅游容量是确保两湖生态安全条件下的最严容量，对旅游容量具有较强的约束力，对两湖景区的可持续发展有较强的支撑作用。

研究表明，对于异龙湖而言，其2025年、2035年的最严旅游容量分别为

379 万人、441 万人，为该湖不同时期基于水环境容量、水资源容量的各旅游容量分量计算值中的最小值。水环境容量、水资源容量是异龙湖旅游容量的“瓶颈”因子。该景区的旅游资源空间容量、社会心理容量随着景区的开发建设、管理体制的完善、经济效益的不断增长也会逐渐提高，故 2025 年、2035 年均不会成为景区旅游容量的限制因子。2035 年，随着补水工程的进一步建设，水资源容量将不会成为异龙湖景区旅游容量的限制因子。

对于泸沽湖而言，2025 年、2035 年的最严旅游容量分别为 267.8 万人、452.47 万人，为该湖不同时期基于水环境容量的各旅游环境容量分量计算值中的最小值。水环境容量为泸沽湖旅游环境容量的“瓶颈”因子。该景区的资源空间容量、水资源容量、社会心理容量随着景区的开发建设、管理体制的完善、经济效益的不断增长也会逐渐提高，故不会成为景区旅游环境容量的限制因子。

随着旅游业的不断发展，本书的研究成果具有一定的推广应用前景，可广泛应用于湖泊旅游承载力研究范畴，指导流域旅游发展规模的调控，支撑水环境管理目标的实现，为湖泊生态环境的改善寻求旅游发展控制的方法和路径。

本书研究工作的顺利开展得益于当地政府及各有关部门的积极配合和支持，在此表示衷心感谢！

作　者

2022 年 7 月

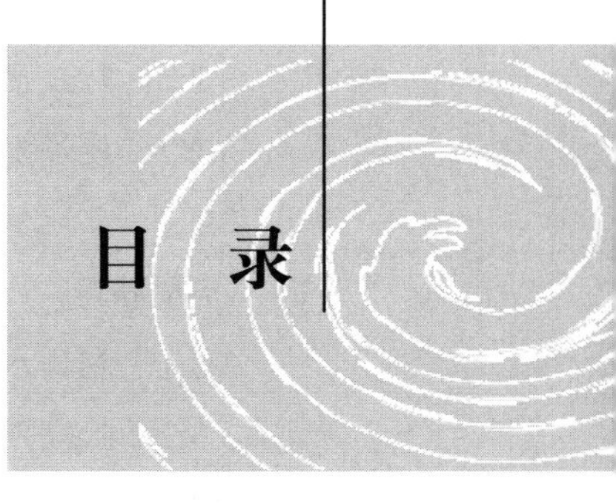

目　录

综述篇

异龙湖篇

泸沽湖篇

综述篇

第 1 章　总　论

1.1　研究目的与意义

异龙湖及泸沽湖是以水体为主的自然旅游景观，其生态环境的承载力在其旅游容量中起着非常重要的作用。异龙湖多年水质为Ⅴ类，根据云南省生态环境科学研究院的研究成果，到 2025 年，异龙湖的总氮（TN）、氨氮（NH_3-N）、化学需氧量（COD）入湖污染负荷将超过其水环境容量；到 2035 年，TN、总磷（TP）、NH_3-N、COD 入湖污染负荷将超过其水环境容量。近年来，异龙湖旅游人数不断增加，加剧了旅游对湖泊的污染贡献。同时，异龙湖流域是极度缺水地区，水资源匮乏。虽然异龙湖从 2017 年就已开始实施补水工程，缺水状况也在逐渐改善，由极度缺水地区转变为了重度缺水地区，但其水资源容量仍然很小。预计到 2025 年，其在不同水文保证率下仍存在缺水问题，到 2035 年将仅在特枯水年缺水，缺水率为 6.3%。水资源容量在未来依旧是制约异龙湖旅游容量的因素之一。因此，水环境容量和水资源容量变成了对异龙湖旅游容量的重要约束。

泸沽湖水质常年保持在Ⅰ类，营养状况处于贫营养，湖泊水质年际变化较小，在云南省九大高原湖泊中，水环境状况最优，根据云南省生态环境科学研究院《泸沽湖污染物总量控制研究》中“湖体三维水质-水动力响应模拟与水环境容量计算”的研究成果，2020 年泸沽湖 TN、TP 和 COD 的水环境容量分别为 342.3 t/a、26.7 t/a 和 1 325.7 t/a，2020 年泸沽湖 TP 超载 3.55 t/a，在保证各项规划措施的条件下，到 2025 年和 2035 年泸沽湖水环境容量将不超载。

近年来，泸沽湖旅游经济快速增长的趋势超过预期，污染防治形势严峻，污水处置设施及固体废物处理设施已经满负荷运行，旅游污染现已成为全流域污染负荷中的主要增量来源之一，而泸沽湖生态环境的承载力在其旅游环境容量中起着非常重要的作用。因此，本书以云南省泸沽湖及异龙湖为例，对异龙湖景区和泸沽湖景区 2020 年、2025 年和 2035 年的旅游容量进行了研究。通过定量分析湖泊旅游环境容量，探索旅游经济发展与生态环境保护协调发展的实现路径。为寻找和阐述景区旅游容量与环境承载力之间合理、恰当的定量关系提供了理论指导，也为景区的科学管理和规划及确定景区发展方向提供了重要依据。

1.2 研究内容

本书以云南省异龙湖及泸沽湖为例，核算了异龙湖及泸沽湖旅游景区的旅游环境容量。首先，结合景区旅游实际情况，选择合适的旅游环境容量测算方法并构建评测指标体系，对各环境容量分量进行核算；其次，选用木桶原理法和权重赋值法分别对各环境容量分量进行综合计算；最后，通过本书研究所得的游客容量提出景区管理和开发方面的建议。研究内容概括如下：

- 景区旅游环境容量研究进展分析；
- 结合景区旅游实际情况，选择合适的旅游环境容量测算方法并构建评测指标体系，针对旅游容量不稳定的特性，通过水环境容量、水资源容量、旅游资源空间容量、社会心理容量等分量依据，对景区 2025 年、2035 年的旅游容量进行量化分析，提出基于水环境保护的旅游容量；
- 结合景区现状，对旅游环境容量核算结果进行分析总结，并为景区今后的旅游开放和管理提供合理建议。

1.3 研究方法

1.3.1 研究思路

高原湖泊旅游景区中，水体是主要的旅游资源，其生态环境承载力在旅游容量中起着重要作用。近年来，高原湖泊旅游经济快速增长且趋势超过预期，景区内现有的基础设施已不能满足市场需求。

综上所述，本书在对异龙湖及泸沽湖旅游景区进行实地调研、资料收集及问卷调查分析的基础上，选用客观评估法对异龙湖和泸沽湖旅游景区的旅游容量进行量化，根据湖泊的实际情况并结合文献资料，通过规划分析和环境影响识别，利用旅游资源空间容量、水环境容量、水资源容量及社会心理容量 4 个分量对景区旅游容量进行量化。最后，综合以上各分量因子容量，分别使用权重赋值法和木桶原理法对旅游景区旅游容量进行综合分析。旅游容量研究思路见图 1-1。

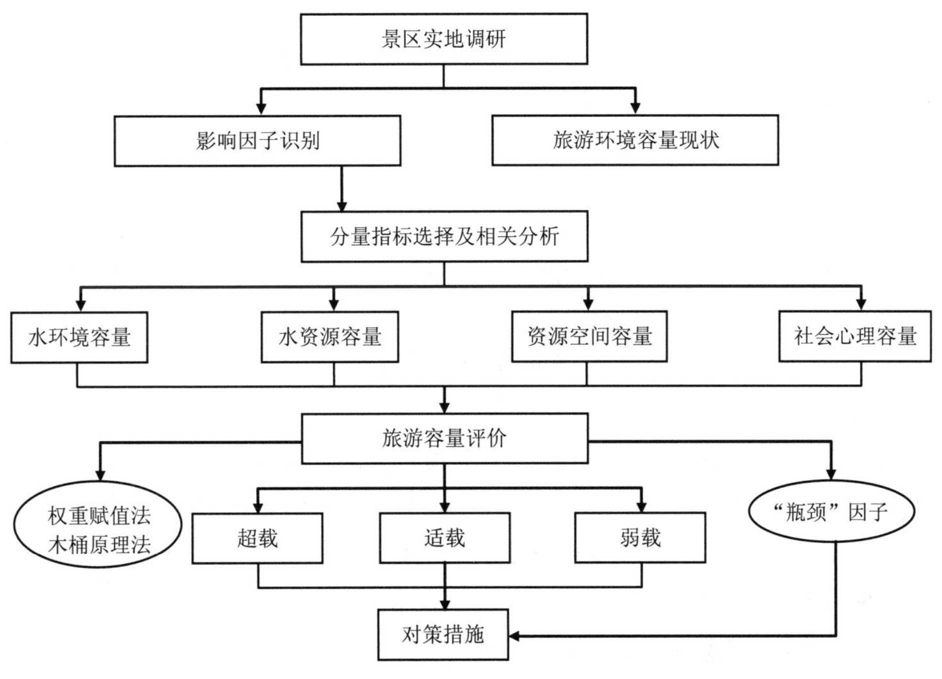

图 1-1 旅游容量研究思路

1.3.2 核算方法

（1）水环境容量

$$E=\frac{\sum_{i=1}^{n}S_iT_i+\sum_{i=1}^{n}Q_i}{\sum_{i=1}^{n}P_i} \tag{1-1}$$

式中：E —— 日生态容量，人次；

S_i —— 自然环境净化的第 i 种污染物量，t；

T_i —— 污染物所需的净化天数，d；

Q_i —— 人为日均处理的第 i 种污染物量，t；

P_i —— 游客人均每天制造的第 i 种污染物量，t；

n —— 污染物种类。

（2）水资源容量

水资源容量=游客供水量/游客用水量 （1-2）

（3）旅游资源空间容量

①面积计算法

面积计算法通常与景区的资源类型、区域大小、文化内涵及地质地貌相关。景区的区域越大；地形地貌越有利于开发，则旅游资源空间容量越大；反之就越小。面积计算法适用于地势较平坦的前区：

$$C = \frac{A}{a} \times D \tag{1-3}$$

式中：C—— 日环境容量，人次；

A—— 可游览面积，m^2［A（hm^2）=总面积（hm^2）×可游览比例 30%］；

a—— 每位游客应占有的合理面积，m^2；

D—— 周转率（D=景点开放时间/游完景点所需时间）。

②卡口计算法

卡口计算法往往会受风景区的地形地貌、游览方式、游览组织、交通运输工具等的影响，通常用于演出类或是机械类，单位以“人次/单位时间”表示：

$$C=D\times A=(t_1/t_3)\times A=(H-t_2)\times A/t_3 \tag{1-4}$$

式中：C—— 日空间容量，人次；

D—— 日游客批数（$D=t_1/t_3$）；

A—— 每批游客人数，位；

t_1—— 每天游览时间（$t_1=H-t_2$），h；

t_3—— 两批游客相距时间，h；

H—— 每天开放时间，h；

t_2—— 游览全程所需时间，h。

③游路计算法

游路计算法与风景区的道路性质、长度、宽度有关。该方法适合地势较陡、呈线性布局的景点，通常用于明确线路的山地类景。

完全游道的计算公式如下：

$$C = \frac{M}{m} \times D \tag{1-5}$$

不完全游道的计算公式如下：

$$C = \frac{M}{m + \left(m \times \frac{t_1}{t_2}\right)} \times D \tag{1-6}$$

式中：C—— 日空间容量，人次；

M—— 游道全长，m；

m—— 每位游客占用合理游道长度，m；

D—— 周转率（D=游道全天开放时间/游览全游道所需时间）；

t_1 —— 游览全游道所需时间，h；

t_2 —— 沿游道返回所需时间，h。

（4）社会心理容量

本书根据满意度模型，从个人基本情况和旅游景区游客满意度影响等要素维度去制订标准问卷，通过发放问卷、收集问卷及统计分析问卷来反映游客心理容量。询问游客在重要景点游览过程中的满意程度，以游客的满意程度为因变量、以游客人数为自变量建立回归方程，达到基本满意时的游客人数就是重要景点处游客最大社会心理容量。

（5）综合评测

①木桶原理法

采用限制性因子原理对景区旅游容量进行综合评价，取不同时期各旅游容量分量计算值中的最小值，即：

旅游容量=min（旅游资源空间容量，水环境容量，水资源容量，社会心理容量）

（1-7）

②权重赋值法

针对 4 类主要评价因子，采用权重赋值法对景区旅游容量进行综合评价，旅游容量的综合实现公式如下：

旅游容量=X_1×旅游资源空间容量+X_2×水环境容量+X_3×水资源容量+X_4×社会心理容量

（1-8）

式中：X_i —— 分量权重。

第 2 章　国内外研究进展

2.1　国内外旅游容量研究现状

我国对旅游环境容量的研究起步较晚，20 世纪 80 年代国内学者才开始对旅游容量的概念体系和计算方法进行实证研究[1]。国内学者在研究旅游环境容量的初期主要侧重于理论研究[2]。1983 年，赵红红首次提出了旅游容量的概念，认为旅游容量是指在一定的空间、时间范围内所能容纳的正常活动的人数，她对苏州园林旅游容量的研究是国内最早的旅游容量研究案例[3]。1987 年，保继刚对颐和园的旅游环境承载量进行了研究与分析，认为旅游环境容量是指在一定条件下所能容纳的物质客体的数量[4]。1995 年，崔凤军等将旅游环境容量改称为旅游环境承载力，是指在某一旅游地环境的现存状态和结构组合不发生明显有害变化的前提下，在一定时期内旅游地所能承受的旅游活动强度[5]。《旅游规划通则》（GB/T 18971—2003）中指出，旅游容量是在可持续发展的前提下，某一时间段内旅游区的自然环境、人工环境和社会经济环境所能承受的旅游及其相关活动在规模和强度上极限值的最小值。

20 世纪 90 年代，国内的旅游业开始兴起，国内对旅游容量的研究也开始发展与完善。国内学者通过具体案例分析和理论探讨促进了旅游环境容量研究的发展。研究者由最开始单纯计算旅游空间的环境容量发展到计算旅游环境的经济容量、社会容量、心理容量和管理容量等。

在旅游环境容量的计算方法上，由于旅游承载力的概念和结构体系尚没有统一的定论，而且影响旅游承载力的因素很多且复杂，因此很多量化过程都遇到了一定的困难。旅游环境容量的基本容量分类并没有统一的方法，各学者因研究角度不同而对旅游环境容量基本容量的分类也不尽相同。空间容量、生态容量、经济容量、心理容量是旅游环境容量分量的基础范畴。1999 年，建设部颁布实施了《风景名胜区规划规范》（GB 50298—1999），该规范给出了生态容量、游人容量、人口容量的简单测算原则和公式。2006 年，国家质量监督检验检疫总局发布实施《自然保护区生态旅游规划技术规程》

（GB/T 20416—2006），该规程规定了自然保护区生态旅游规划的基本准则，并给出了旅游区日环境容量、年环境容量的测算公式。2015 年，国家旅游局颁布实施《景区最大承载量核定导则》（LB/T 034—2014），该导则给出了游客承载量的测算方法和公式，供各景区参考使用。

随着旅游业的兴起及大量学者对理论研究的不断深入，旅游环境容量实证研究也取得了较大进展。1980 年，刘家麒从旅游容量研究的意义、影响旅游容量的因素及旅游容量的估算等方面探讨了旅游容量与风景区规划之间的关系[6]。1983 年，赵红红率先进行了旅游环境承载力的研究，她对苏州园林旅游容量的研究是国内最早的相关研究[3]。1997 年，崔凤军等通过静态模型设计从泰山的经济承载量和资源空间承载量对泰山的旅游环境承载力进行了研究，得到泰山的年合理容量为 430 万人次[5]。2003 年，周年兴借用经济学边际满意度概念，使用边际满意度模型，进行了多种曲线的相关系数模拟，并从中选择了较为理想的拟合曲线，测算出了武陵源黄石寨景区的旅游心理容量，该方法受主观影响较大，只适用于同种性质的旅游地[7]。2007 年，王晓燕通过测定颐和园的旅游环境心理容量和空间容量对颐和园旅游环境容量进行了分析，测算出了颐和园的合理旅游环境容量及入园速度[8]。2014 年，潘丽丽等选用拥挤感模型，结合问卷调查，通过拥挤感知回归方程和游客拥挤规范调查两种方式，基于拥挤感知的最大游客总数及最大旅游团数对西溪国家湿地公园游客心理容量进行了研究[9]。2017 年，石磊等对黄沙古渡的资源容量、生态容量、经济发展和社会心理等进行了综合分析，为沙漠型景区的旅游环境容量研究提供了借鉴[10]。

从国外旅游容量的研究进展来看，旅游环境容量的定义一直是国外学者的研究热点，而且其定义从对资源的负面影响逐渐扩展到了对资源承载力的影响，再到人类的可接受度。马尔萨斯的人口论认为生物种群在环境中可利用的食量有一个最大值，动植物的增加相应也有一个极限，这个极限数值在生态学中被定义为“环境容量”[11]，随后这一概念逐渐被应用于环境保护、人口研究、土地利用等多个领域。20 世纪 30 年代中期，美国国家公园管理局开始了对国家公园承载力的研究。1964 年，韦格（J. Alan Wagar）对游憩环境容量进行了系统的研究，并首次提出了旅游环境容量的概念[12]。1979 年，世界旅游组织（UNWTO）在年度报告中正式提出了旅游环境容量问题，并开始做相关研究。20 世纪 80 年代中期，Stankey 等提出了“可接受的改变程度”（Limits of Acceptable Change，LAC）理论，LAC 理论在国外已被广泛应用并取得了良好的效果。随后美国国家公园管理局又提出了游客体验与资源保护（Visitor Experience & Resource Protection，VERP）理论。除 LAC 理论和 VERP 理论外，游客活动管理程序（Visitor Activity Management Process，VAMP）、游客影响管理（Visitor Impact Management，VIM）等理论体系也在国外得到了广泛应用。1971 年，环境学家 Lim 和 Stankey 等对旅游容量问题进行了进一步讨论，

1980 年，Stankey 认为环境容量问题首要考虑的是控制环境影响，而不是游客数量[13]。1989 年，Douglas 从物质、环境、心理等多角度对旅游环境容量的内涵进行了详细阐释[14]。随着旅游业的不断发展，旅游环境问题日益突出，旅游环境容量也逐渐成为一个研究热点。

2.2 旅游容量核算方法综述

通过查阅文献，分析对比国内外的旅游容量研究发现，在国外，多数学者放弃了旅游容量计量，旅游容量不再只是一个确定的数值，而是一个波动域，国外学者开始直接探讨如何控制旅游活动带来的环境问题，由此在国外形成了 LAC 等理论。现阶段，我国大多数旅游容量研究还停留在用常用指标进行容量测算，目前国内应用的旅游容量计量方法主要有 LAC 理论、主观评估法和客观评估法三大类。

2.2.1 LAC 理论

20 世纪 80 年代，美国林业局的科学家在游憩环境容量的基础上提出了 LAC 理论。LAC 理论不再以确定的数值作为旅游容量的描述，而是用 9 个步骤的管理过程来替代，将能够反映环境变化的指标作为关注对象，并为这些指标建立科学合理的标准，通过对指标的监测制订管理行动计划。在国外，LAC 理论已经成了较成熟的景区管理工具，但是在我国该理论仍处于起步阶段。2013 年，杨锐较为详细地阐述了从环境容量理论到 LAC 理论的整个发展历程。2017 年，杨冬冬以 LAC 理论为指导，对古村落旅游容量问题进行了详细深入的研究及讨论[15]。

2.2.2 主观评估法

主观评估法是通过大量的实地调查研究得出经验值或经验公式的方法。常用的方法：①自我体验法，即调查者作为一名旅游者体验并感知不同的游客密度、游客数量等；②调查统计法，即在景区不同地域对游客的感受认知与需求进行调查统计；③航拍问卷法，即以航拍了解游客人数和分布状况，并进行问卷调查，最后通过分析比较得出生态旅游容量的经验值或相关结论。

2.2.3 客观评估法

客观评估法通常是通过实证测量或调查来计算旅游容量，从而获得更合适的生态旅游容量。客观评估法主要有单项推测法和综合推测法。

1. 单项推测法

单项推测法是指对旅游容量体系中某个环境影响因素进行推测，包括以下 4 个方面。

（1）资源空间容量

因为游客对旅游资源的鉴赏需要时间和空间，所以在一定时间（如一天）内的景区游客承载能力即为资源空间容量。资源空间容量计算方法有游道法、面积法、卡口法等。

（2）生态容量

生态容量主要是针对旅游资源以自然资源为主的旅游景区。生态环境本身有自净能力，生态容量是指基于生态环境自我恢复能力条件下所允许的游客数量。一般情况下，游客旅游活动所造成的污染会超过生态环境的自净能力。1999 年，保继刚提出了旅游生态容量测算公式。

（3）经济容量

经济容量主要包括酒店床位、水、电、气、热能、交通、停车场和娱乐购物设施的供应水平所能承载的游客数量。一般取旅馆床位、水资源供给、电力供给及交通运载 4 个要素。

（4）心理容量

心理容量是指在既定的经营管理目标下，能够使旅游区的游客满意度保持在最低水平以上的极限游客接待量。如果使用超过限度，游客的满意度就会降低到无法接受的程度。心理容量更为复杂，它与游客的学历、年龄、喜好等多方面相关。研究认为，使用程度会影响游客游憩体验的满意度，以至于无法达到高品质的游憩体验，因此以满意度为决定旅游心理容量的指标。

游客心理容量通过发放问卷、收集问卷及统计分析问卷来反映，标准问卷主要通过个人基本情况和旅游景区游客满意度影响因素 2 个维度去制定。评估游客心理容量的数学模型主要有 2 个：①满意模型，询问游客在游览重要景点过程中的满意程度，以游客的满意程度为因变量、以游客人数为自变量建立回归方程，达到基本满意时的游客人数就是重要景点处游客最大社会心理承载力的值；②拥挤认知模型，以游客感知到的游客数为自变量、以拥挤程度为因变量建立回归方程，拥挤感知程度为普通时的游客人数就是不会导致游客感到明显拥挤的瞬时最大游客总数，此方法需询问受访者可接受或可忍受的相遇人数。

心理容量需要大量问卷支撑且变化较大。在旅游容量研究中，从游客体验角度出发，游客的心理容量是唯一的分类，它以游客为主体，并受到游客个人属性和外部环境等多种因素的影响。在体验经济背景下，景区游客的心理承受能力更具有实际意义。

2. 综合推测法

旅游容量涉及多学科的内容，不能单从某一学科的角度片面性地审视它，需要对生态旅游容量的各个方面作出综合推测。旅游容量的各个分量各不相同，只有对环境容量各分量进行分析对比才能综合分析出能代表旅游容量的数值。旅游容量综合分析方法主要有以下 2 种。

一是木桶原理法，即限制性因子原理法，用木桶原理法对名胜风景区的旅游容量进行综合评价时，通常取各环境容量分量的最小值；

二是权重赋值法，集多种计算方法于一体的旅游容量计算方法，因景区类型不同，各个指标的重要性也不同，所以需要通过权重赋值法来体现这种差别。

异龙湖篇

第 3 章　研究区概况

3.1　自然环境状况

3.1.1　地理位置

异龙湖位于云南省红河哈尼族彝族自治州石屏县异龙镇东南 3 km 处，地理坐标为东经 102°28′～102°38′，北纬 23°28′～23°42′，湖泊水面面积为 31 km^2、流域面积为 360.4 km^2。异龙湖在珠江支流南盘江与红河两大流域分水岭上，系南盘江支流泸江的源头，原属珠江水系，1971 年凿开青鱼湾洞后，湖水从青鱼湾隧道流入五郎沟河，经小河底河进入红河，属红河水系，2017 年 3 月 10 日异龙湖湖水实现西进东出，复归珠江水系。

3.1.2　地质地貌

异龙湖湖区呈东西向条带状，为断陷湖积盆地，湖盆中部为长 30 km、宽 2～6 km、面积 92 km^2 的冲积平原。湖区内地势平坦，沿西北向东南展布，海拔为 1 420 m 左右，呈半封闭状态，盆内积水成湖，周围均为构造侵蚀中、低山地。盆地周围山峦起伏，从而构成了异龙湖汇水区典型的中山湖盆地貌。

异龙湖是受喜马拉雅造山运动影响形成的断层侵蚀湖泊。北岸靠乾阳山，湖岸线平直，岸坡较陡，一般为 35°以上的高坡，岩溶比较发育，属三叠系石灰岩层，岩性坚硬，冲沟较少，堆积层厚度小于 0.5 m。南岸为五爪山，山峦丘陵起伏，沟谷发育形成如五爪伸入湖中，形成大小 72 个湾，现已围湖成田，湖湾不复存在，岸坡地势低缓，坡度在 20°以下，坡积厚度一般在 20 m 左右。湖的东、西两面地势平缓，均已开垦为农田，湖西为冲积坝，石屏县就坐落在冲积坝上（附图 3-1）。

3.1.3　河流水系

异龙湖的东西轴线长为 13.09 km，南北最宽为 3.614 km、最窄为 1.402 km，平均宽为 2.508 km，湖岸线长为 41.909 km，湖泊的平面形态呈东西向，两端窄、中间宽，东部窄而浅、中间深、南部窄而稍深。当水位为 1 414.20 m 时，异龙湖湖面面积为 31.0 km^2，最大水深为 3.7 m，平均水深为 2.9 m，湖泊蓄水量为 1.16 亿 m^3，最高运行水位为 1 414.17 m（国家 85 基准高程），最低运行水位为 1 412.67 m（国家 85 基准高程）。

异龙湖入湖河流主要有 7 条，即赤瑞海河（城河）、城北河、城南河、龙港河、渔村河、大水河、大沙河，这 7 条入湖河流控制的流域面积在 70%以上，其中异龙湖西岸的 3 条河流是最主要的入湖水量来源，共占河流入湖水量的 85%，其中又以城河入湖水量最大，占河流入湖水量的 59%（表 3-1）。据调查，城北河与大水河是非闭合径流区，其径流区内有约 20 个泉眼，大量地下水补给至河流进入异龙湖。龙港河是异龙湖东南岸的主要入湖水量来源，其入湖水量占河流入湖水量的 10%。

表 3-1　异龙湖流域主要入湖河流特性

序号	入湖河流名称	径流面积/km^2	河长/km
1	城河	86.4	13.8
2	城北河	68.4	7.4
3	城南河	33.3	10.1
4	龙港河	23.1	8.3
5	渔村河	10.5	6.5
6	大水河	5.1	4.1
7	大沙河	2.3	2.4

注：异龙湖相关背景资料参考《异龙湖保护治理规划（2018—2035 年）》。

从时间来看，入湖径流量集中分布在 7—10 月，其中 7 月的入湖水量最大，占全年入湖水量的 21%。

3.2 社会经济状况

3.2.1 行政区划及人口

1. 行政区划

异龙湖流域涉及异龙镇、宝秀镇和坝心镇 3 个乡镇，石屏县现辖异龙镇。异龙湖流域范围内（异龙镇、宝秀镇和坝心镇）涉及的村委会（社区）共计 28 个，自然村有 200 个。其中，异龙镇位于流域内的村委会（社区）共计 13 个，自然村有 115 个；宝秀镇位于流域内的村委会（社区）共计 7 个，自然村有 33 个；坝心镇位于流域内的村委会（社区）共计 8 个，自然村有 52 个（表 3-2）。

表 3-2 异龙湖流域行政村镇体系

所属镇	村委会	自然村数量/个	自然村
异龙镇	大水	4	仁寿村、赵家寨、大水、左所
	大瑞城	18	大瑞城、小瑞城、生祠、肖家海、王上寨、王下寨、普陀岩、作佳、白马庙李家寨、吴家庄、姚家寨、朱家寨、丁家寨、罗家庄子、普光寺、杨家高墩、娄家寨、半月池
	冒合	7	冒合、吴家营、岳家湾、李家咀、中左所、山后、后所
	陶村	9	陶村、万家营、符家营、大老卫寨、小老卫寨、许家营、杨家庙、杨家庄、寺脚底
	杨广城	2	杨广城、新寨
	孙家营	15	苏家寨、张家村、薛家塘、仓家寨、张家寨、田坝心、孙家营、郑家湾、柳村、新坝、三台阁、唐家边、一百钱、九天观、白夷龙井
	松村	6	松村、高坡、太岳村、杨家寨、冲门口、大高冲
	李家寨	15	李家寨、赵家寨、许家寨、高家寨、何家寨、徐杨寨、汪家房子、小河家寨、水碓、大木桥、蔡营、依作黑、花兰坡、太阳坡、母家冲
	高家湾	8	长咀、山后、大寨、李家寨、坡上、他吉湾、新寨、杨家湾
	豆地湾	8	豆地湾、毛木咀、罗色湾、狮子湾、马房湾、小坡、大干冲、小干冲
	小水	6	向阳、普家冲、小水、车家寨、大湾子、关子坡
	大西山	11	大西山、大白仓、小白仓、袁家山、庙脚、坡脚、窑房、王谷子冲、土老冲、大凹子、马家山
	弥太柏	6	柏叶寨、朱冲、弥上寨、弥下寨、杨梅冲、大竹箐
宝秀镇	宝秀村	4	小倘甸、柏仁村、宝秀（四牌+宝山+仓前+中截）、竹林村
	凤山村	4	阿白冲、坝丫寨、凤山、金鸡冲
	兰梓营	6	柏树冲、胡士营、兰梓营、卢营、孙家村、新路村
	吴营	2	吴营、小陈营
	许刘营	7	柏枝林、大杨营、盘营、洼子、小杨营、许刘营、杨群庄
	张向寨	8	大田坝心、老木冲、李高首、龙口冲、向家寨、小田坝心、杨家房子、张贵寨
	郑营村	2	张本寨、郑营
坝心镇	坝心	1	坝心
	白浪	11	白浪、大过细、过细上寨、大寨、牛古、牛角咀、青渔湾、西冲、小过细、小寨、长咀
	底莫	2	凤凰山、普天冲
	海东	8	白果咀、海东上寨、海东下寨、龙井村、毛家寨、沙坝、沙咀、石缸

所属镇	村委会	自然村数量/个	自然村
坝心镇	老街	6	阿洒冲、城都寨、龙港、陆来村、孙家寨、老街（五合村）
	王家冲	11	白家寨、大草地、大河咀、大坡脚、李家寨、毛家寨、梅树冲、王家冲、吴家湾、小河、丫口
	新海资	5	老海资、团山冲上寨、团山冲下寨、新海资、新寨
	新河	8	海马里、红土坡、花树脚、山咀、小湾子、新河村、者这底、者这乌
总计	28	200	—

2. 人口现状

异龙湖流域涉及异龙镇、宝秀镇和坝心镇，2020 年异龙湖流域总人口为 136 414 人，其中城镇人口为 32 292 人，农村人口为 104 122 人。

2020 年，异龙镇流域内城镇人口为 23 740 人，农村人口为 53 702 人；宝秀镇流域内城镇人口为 5 216 人，农村人口为 30 609 人；坝心镇流域内城镇人口为 3 336 人，农村人口为 19 811 人（表 3-3）。近年来，随着流域内城市化的加快，人口由农村向城市集中，给异龙湖带来了较大的压力。

表 3-3　2020 年异龙湖流域 3 个镇的人口现状　　单位：人

乡（镇）	城镇人口	农村人口	合计
异龙镇	23 740	53 702	77 442
宝秀镇	5 216	30 609	35 825
坝心镇	3 336	19 811	23 147
合计	32 292	104 122	136 414

注：人口统计来源于 3 个镇分别填报的基础调查表。

3.2.2　经济发展现状

异龙湖流域是石屏县经济最发达、人口最集中、城市化水平最高的区域。

2020 年，石屏县地区生产总值为 689 328 万元，同比增长 10.8%。三产结构比为 35.3∶29.6∶35.1，第一产业增加值完成 243 510 万元，同比增长 6.2%；第二产业增加值完成 204 205 万元，同比增长 19.0%；第三产业增加值完成 241 608 万元，同比增长 8.9%；人均生产总值为 22 136 元，同比增长 10%。农村常住居民人均可支配收入为 11 469 元，同比增长 10.2%；城镇常住居民人均可支配收入为 29 289 元，同比增长 9.0%。

3.2.3 土地利用现状

根据石屏县自然资源局提供的土地利用数据资料（表 3-4），2018 年，异龙湖流域土地利用以林地和耕地为主，面积分别为 154.31 km^2 与 84.33 km^2，分别占流域总面积的 42.82%和 23.40%。其中，林地以有林地为主，面积为 99.27 km^2，占流域林地总面积的 64.33%，分布在流域面山；耕地以水田为主，面积为 50.14 km^2，占流域耕地总面积的 59.46%，主要分布在异龙湖及城河平坝区，其次为水域及水利设施用地和园地，分别占流域总面积的 11.40%和 9.36%（附图 3-2）。

表 3-4 异龙湖流域土地利用面积统计

一级类	二级类	面积/km^2	比例/%
耕地	水浇地	8.19	2.27
	水田	50.14	13.91
	旱地	25.78	7.15
	设施农用地	0.22	0.06
	小计	84.33	23.40
园地	果园	33.40	9.27
	茶园	0.09	0.02
	其他园地	0.25	0.07
	小计	33.74	9.36
林地	有林地	99.27	27.55
	灌木林地	18.71	5.19
	其他林地	36.33	10.08
	小计	154.31	42.82
草地	其他草地	11.18	3.10
	小计	11.18	3.10
城镇村及工矿用地	建制镇	9.58	2.66
	村庄	12.92	3.59
	风景名胜及特殊用地	1.26	0.35
	采矿用地	1.71	0.48
	小计	25.47	7.07
交通运输用地	公路用地	2.73	0.76
	铁路用地	0.03	0.01
	农村道路	0.11	0.03
	小计	2.87	0.80

一级类	二级类	面积/km^2	比例/%
水域及水利设施用地	湖泊水面	28.45	7.89
	河流水面	0.06	0.02
	坑塘水面	9.39	2.61
	水库水面	2.78	0.77
	水工建筑用地	0.22	0.06
	沟渠	0.03	0.01
	内陆滩涂	0.15	0.04
	小计	41.07	11.40
其他土地	裸地	7.42	2.06
	小计	7.42	2.06
总计		360.40	100.00

3.3 水质状况

3.3.1 湖体水环境质量现状

异龙湖共设置湖东、湖中、湖西 3 个常规监测点，“十三五”规划水质目标为Ⅴ类（COD≤60 mg/L）。

1．湖体水质现状

根据异龙湖湖体监测数据，2019—2020 年全湖年均水质均达到Ⅴ类，但个别监测点位逐月数据并未稳定达到Ⅴ类。湖东断面水质为劣Ⅴ类的月份，2019 年共有 9 个月，2020 年共有 5 个月；湖中断面水质为劣Ⅴ类的月份，2019 年共有 3 个月，2020 年共有 4 个月，以雨季居多；湖西断面水质为劣Ⅴ类的月份，2019 年共有 3 个月，2020 年共有 3 个月，主要集中在雨季；全湖平均逐月水质为劣Ⅴ类的月份，2019 年共有 4 个月，2020 年共有 12 个月，主要污染指标为 COD。

（1）高锰酸盐指数（I_{Mn}）

异龙湖各断面 2019—2020 年 I_{Mn} 逐月变化趋势见附图 3-3。异龙湖全湖 2019 年的 I_{Mn} 质量浓度介于 4.9～10.4 mg/L，平均质量浓度为 8.3 mg/L，最大值出现在 7 月，最小值出现在 2 月，全年质量浓度均稳定保持在Ⅴ类及更优，逐日质量浓度分布呈现雨季高于旱季的特征。异龙湖全湖 2020 年的 I_{Mn} 质量浓度介于 6.7～17.5 mg/L，平均质量浓度为 9.3 mg/L，最大值出现在 7 月，质量浓度超过了Ⅴ类标准，超标倍数为 0.167，最小值出现在 2 月，其中，除 7 月超标外，其余月份的 I_{Mn} 质量浓度均未超标，逐月质量浓度分布呈现雨季高于旱季的特征。

湖东断面2019年的I_{Mn}质量浓度介于6.5～12.2 mg/L，平均质量浓度为9.4 mg/L，最大值出现在7月，最小值出现在2月，全年质量浓度均稳定保持在Ⅴ类及更优，逐月质量浓度分布呈现雨季高于旱季的特征。湖东断面2020年的I_{Mn}质量浓度介于5.1～13.2 mg/L，平均质量浓度为9.3 mg/L，最大值出现在9月，最小值出现在2月，全年质量浓度均稳定保持在Ⅴ类及更优，逐月质量浓度分布呈现雨季高于旱季的特征。

湖中断面2019年的I_{Mn}质量浓度介于3.2～11.2 mg/L，平均质量浓度为7.3 mg/L，最大值出现在7月，最小值出现在2月，全年质量浓度均稳定保持在Ⅴ类及更优，逐月质量浓度分布呈现雨季高于旱季的特征。湖中断面2020年的I_{Mn}质量浓度介于5.4～21.9 mg/L，平均质量浓度为8.9 mg/L，全年有2个月质量浓度超过Ⅴ类，分别为7月和10月，超标倍数分别为0.46和0.03，最大值出现在7月，最小值出现在1月，逐月质量浓度分布无明显雨旱季特征。

湖西断面2019年的I_{Mn}质量浓度介于5.0～12.3 mg/L，平均质量浓度为8.3 mg/L，最大值出现在11月，最小值出现在2月，全年质量浓度均稳定保持在Ⅴ类及更优，逐月质量浓度分布呈现雨季高于旱季的特征。湖西断面2020年的I_{Mn}质量浓度介于6.7～17.4 mg/L，平均质量浓度为9.6 mg/L，最大值出现在7月，质量浓度超过了Ⅴ类标准，超标倍数为0.16，最小值出现在2月，逐月质量浓度分布呈现雨季高于旱季的特征。

（2）COD

异龙湖各断面2019—2020年COD逐月变化趋势见附图3-4。异龙湖全湖2019年的COD质量浓度介于27～51 mg/L，平均质量浓度为39.4 mg/L，全年共有3个月质量浓度超过Ⅴ类，分别为7月、8月和9月，超标倍数分别为0.27、0.28和0.25，最大值出现在8月，最小值出现在11月，逐月质量浓度分布呈现雨季高于旱季的特征。异龙湖全湖2020年的COD质量浓度介于28～48 mg/L，平均质量浓度为37 mg/L，全年有2个月质量浓度超过Ⅴ类，分别为7月和10月，超标倍数分别为0.18和0.20，最大值出现在10月，最小值出现在1月，逐月质量浓度分布无明显雨旱季特征。

湖东断面2019年的COD质量浓度介于31～59 mg/L，平均质量浓度为45 mg/L，全年共有9个月质量浓度超过Ⅴ类，分别为1月、2月、4月、5月、6月、7月、8月、9月和10月，最大值出现在7月，超标倍数为0.475，最小值出现在11月，逐月质量浓度分布呈现雨季高于旱季的特征。湖东断面2020年的COD质量浓度介于29～59 mg/L，平均质量浓度为39 mg/L，全年共有4个月质量浓度超过Ⅴ类，分别为6月、7月、9月和10月，最大值出现在9月，超标倍数为0.475，最小值出现在12月，逐月质量浓度分布呈现雨季高于旱季的特征。

湖中断面2019年的COD质量浓度介于18～56 mg/L，平均质量浓度为37 mg/L，全年共有3个月质量浓度超过Ⅴ类，分别为7月、8月和9月，最大值出现在9月，超标倍数为 0.4，最小值出现在 11 月，逐月质量浓度分布呈现雨季高于旱季的特征。湖中断面 2020 年的 COD 质量浓度介于 21～50.5 mg/L，平均质量浓度为 34 mg/L，全年共有 4 个月质量浓度超过Ⅴ类，分别为 2 月、8 月、10 月和 12 月，最大值出现在 10 月，超标倍数为 0.26，最小值出现在 9 月，逐月质量浓度分布无明显雨旱季特征。

湖西断面 2019 年的 COD 质量浓度介于 29～47 mg/L，平均质量浓度为 36 mg/L，全年共有 3 个月质量浓度超过Ⅴ类，分别为 7 月、8 月和 9 月，最大值出现在 7 月，超标倍数为 0.2，最小值出现在 1 月，逐月质量浓度分布呈现雨季高于旱季的特征。湖西断面 2020 年的 COD 质量浓度介于 28～57 mg/L，平均质量浓度为 38 mg/L，全年共有 3 个月质量浓度超过Ⅴ类，分别为 2 月、6 月、7 月，最大值出现在 7 月，超标倍数为 0.425，最小值出现在 1 月，逐月质量浓度分布无明显雨旱季特征。

（3）TN

异龙湖各断面 2019—2020 年的 TN 逐月变化趋势见附图 3-5。异龙湖全湖 2019 年的 TN 质量浓度介于 1.35～2.49 mg/L，平均质量浓度为 1.82 mg/L，全年共有 3 个月质量浓度超过Ⅴ类，分别为 7 月、8 月和 9 月，最大值出现在 9 月，超标倍数为 0.245，最小值出现在 11 月，逐月质量浓度分布呈现雨季高于旱季的特征。异龙湖全湖 2020 年的 TN 质量浓度介于 1.10～3.22 mg/L，平均质量浓度为 2.02 mg/L，全年共有 6 个月质量浓度超过Ⅴ类，分别为 2 月、7 月、9 月、10 月、11 月和 12 月，最大值出现在 7 月，超标倍数为 0.61，最小值出现在 3 月，逐月质量浓度分布无明显雨旱季特征。

湖东断面 2019 年的 TN 质量浓度介于 1.44～2.56 mg/L，平均质量浓度为 2.09 mg/L，全年共有 7 个月质量浓度超过Ⅴ类，分别为 1 月、5 月、6 月、7 月、8 月、9 月和 10 月，最大值出现在 7 月，超标倍数为 0.28，最小值出现在 12 月，逐月质量浓度分布呈现雨季高于旱季的特征。湖东断面 2020 年的 TN 质量浓度介于 1.19～3.35 mg/L，平均质量浓度为 2.20 mg/L，全年共有 6 个月质量浓度超过Ⅴ类，分别为 6 月、7 月、9 月、10 月、11 月和 12 月，最大值出现在 9 月，超标倍数为 0.675，最小值出现在 1 月，逐月质量浓度分布无明显雨旱季特征。

湖中断面 2019 年的 TN 质量浓度介于 1.29～2.86 mg/L，平均质量浓度为 1.76 mg/L，全年共有 3 个月质量浓度超过Ⅴ类，分别为 7 月、8 月和 9 月，最大值出现在 9 月，超标倍数为 0.43，最小值出现在 1 月，逐月质量浓度分布呈现雨季高于旱季的特征。湖中断面 2020 年的 TN 质量浓度介于 0.8～3.18 mg/L，平均质量浓度为 1.85 mg/L，全年共有 5 个月质量浓度超过Ⅴ类，分别为 2 月、7 月、9 月、11 月和 12 月，最大值出现在 7 月，超标倍数为 0.59，最小值出现在 6 月，逐月质量浓度分布无明显雨旱季特征。

湖西断面 2019 年的 TN 质量浓度介于 1.05～2.20 mg/L，平均质量浓度为 1.63 mg/L，全年共有 3 个月质量浓度超过Ⅴ类，分别为 7 月、8 月和 9 月，最大值出现在 7 月和 8

月，超标倍数均为 0.1，最小值出现在 12 月，逐月质量浓度分布呈现雨季高于旱季的特征。湖西断面 2020 年的 TN 质量浓度介于 0.88～3.53 mg/L，平均质量浓度为 2.0 mg/L，全年共有 7 个月质量浓度超过Ⅴ类，分别为 2 月、7 月、8 月、9 月、10 月、11 月和 12 月，最大值出现在 7 月，超标倍数为 0.765，最小值出现在 3 月，逐月质量浓度分布无明显雨旱季特征。

2. 水环境变化趋势

根据异龙湖湖体水质监测数据，异龙湖各项水质指标在近十几年来呈现剧烈变动的特征，表现为先恶化再好转，其中拐点出现在 2013 年，自 2013 年以后，异龙湖水质呈现逐年好转趋势，至 2018 年 11 月，全湖平均水质已从劣Ⅴ类好转为Ⅴ类，2019—2020 年全湖年均水质均达到了Ⅴ类。

（1）I_{Mn}

2009—2020 年，异龙湖全湖平均 I_{Mn} 质量浓度介于 8～27 mg/L，总体呈现先升高再降低的趋势。其中，2016 年以前 I_{Mn} 质量浓度均超过了Ⅴ类标准；2010 年、2012 年和 2013 年 I_{Mn} 质量浓度均出现了最大值，超标倍数为 0.8；2013 年以后 I_{Mn} 质量浓度呈现逐年降低的趋势，最小值出现在 2019 年，总体呈现逐年向好趋势（附图 3-6）。

（2）COD

2009—2020 年，异龙湖全湖平均 COD 质量浓度介于 28～156 mg/L，总体呈现先升高再降低的趋势。其中，2018 年及以前，COD 质量浓度均超过了Ⅴ类标准；2013 年，COD 质量浓度达到峰值，超标倍数为 2.9；2013 年以后，COD 质量浓度呈现逐年下降趋势，2019 年保持在了Ⅴ类及更优，最小值出现在 2020 年，达到了Ⅳ类标准（附图 3-7）。

（3）TN

2009—2020 年，异龙湖单独评价指标 TN 的全湖平均质量浓度介于 1.82～6.24 mg/L，总体呈现先升高再降低的波动变化趋势。其中，除 2018 年和 2019 年的 TN 质量浓度达到了Ⅴ类标准外，其余年份均超过了Ⅴ类标准；2013 年，TN 质量浓度达到峰值，超标的倍数为 2.12；2013 年以后，TN 质量浓度总体呈现逐年下降趋势；2017—2020 年，TN 质量浓度围绕Ⅴ类限值波动，但波动幅度较小（附图 3-8）。

3.3.2 入湖河流水质现状及变化趋势

异龙湖流域 7 条主要入湖河流中，仅城河开展了常规监测，监测结果表明，2019—2020 年城河水质全年稳定保持在Ⅴ类及更优。

1. 入湖河流水质现状分析

根据红河州监测站的监测数据可知，城河 2019 年的 I_{Mn} 质量浓度介于 4.4～13.3 mg/L，平均质量浓度为 7.2 mg/L，全年质量浓度均稳定保持在Ⅴ类及更优，最大值出现在 12 月，最小值出现在 6 月，逐月质量浓度分布无明显雨旱季分布特征；2020 年的 I_{Mn} 质量浓度介于 5.0～12.4 mg/L，平均质量浓度为 7.2 mg/L，全年质量浓度均稳定保持在Ⅴ类及更优，最大值出现在 3 月，最小值出现在 7 月，逐月质量浓度分布无明显雨旱季分布特征（附图 3-9）。

城河 2019 年的 COD 质量浓度介于 12～58 mg/L，平均质量浓度为 32 mg/L，全年共有 4 个月质量浓度超过Ⅴ类，分别为 4 月、5 月、11 月和 12 月，最大值出现在 12 月，超标倍数为 0.45，其余月份均达到了Ⅴ类及更优，最小值出现在 1 月，逐月质量浓度分布无明显雨旱季分布特征。城河 2020 年的 COD 质量浓度介于 18～50 mg/L，平均质量浓度为 29 mg/L，全年共有 2 个月超过Ⅴ类，分别为 3 月和 7 月，最大值出现在 3 月，超标倍数为 0.25，其余月份均达到了Ⅴ类及更优，最小值出现在 1 月，逐月质量浓度分布无明显雨旱季分布特征（附图 3-10）。

城河 2019 年的 TP 质量浓度介于 0.09～0.41 mg/L，平均质量浓度为 0.19 mg/L，最大值出现在 12 月，超过了Ⅴ类标准，超标倍数为 0.025，其中，除 12 月外，其他月份均达到了Ⅴ类及更优，3 月、7 月、8 月质量浓度为最低，逐月质量浓度分布无明显雨旱季分布特征。城河 2020 年的 TP 质量浓度介于 0.02～0.40 mg/L，平均质量浓度为 0.23 mg/L，全年质量浓度均保持在Ⅴ类及更优，最大值出现在 10 月，质量浓度达到了Ⅴ类上限，最小值出现在 5 月，逐月质量浓度分布无明显雨旱季分布特征（附图 3-11）。

城河 2019 年的 NH_3-N 质量浓度介于 0.13～2.42 mg/L，平均质量浓度为 0.66 mg/L，最大值出现在 5 月，超过了Ⅴ类标准，超标倍数为 0.21，除 5 月外，其他月份均达到Ⅴ类及更优，最小值出现在 1 月，逐月质量浓度分布无明显雨旱季分布特征。城河 2020 年的 NH_3-N 质量浓度介于 0.12～2.95 mg/L，平均质量浓度为 0.70 mg/L，最大值出现在 2 月，超过了Ⅴ类标准，超标倍数为 0.475，除 2 月外，其他月份均达到Ⅴ类及更优，最小值出现在 8 月，逐月质量浓度分布无明显雨旱季分布特征（附图 3-12）。

2．水质变化趋势分析

2008—2020 年，城河的 I_{Mn} 质量浓度介于 5.82～29.94 mg/L，总体呈现先升高再降低的波动变化趋势。2012 年以前，I_{Mn} 质量浓度超过了Ⅴ类标准；2012 年，I_{Mn} 质量浓度达到峰值，超标倍数为 0.996；2012 年以后，I_{Mn} 质量浓度开始总体呈现下降趋势；2016—2020 年，I_{Mn} 质量浓度在Ⅲ～Ⅳ类标准波动（附图 3-13）。

2008—2020 年，城河的 COD 质量浓度介于 21～133 mg/L，总体呈现先升高再降低的波动变化趋势。2015 年以前，COD 质量浓度超过了Ⅴ类标准；2012 年，COD 质量浓度达到峰值，超标倍数为 2.3；2012 年以后，COD 质量浓度开始总体呈现下降趋势；2016 年，COD 质量浓度开始达到Ⅴ类标准；近几年，COD 质量浓度在Ⅳ～Ⅴ类波动（附图 3-14）。

2008—2020 年，城河的 TP 质量浓度介于 0.07～3.40 mg/L，总体呈现先升高再降低的波动变化趋势。2013 年以前，TP 质量浓度超过了Ⅴ类标准；2012 年，TP 质量浓度达到峰值，超标倍数为 7.5；2012 年以后，TP 质量浓度开始总体呈现下降趋势；2015 年，TP 质量浓度开始达到Ⅴ类标准；近几年，TP 质量浓度均稳定保持在Ⅴ类标准及更优标准（附图 3-15）。

2008—2020 年，城河的 NH_3-N 质量浓度介于 0.09～15.95 mg/L，总体呈现先升高再降低再升高的波动变化趋势。2008—2011 年，NH_3-N 质量浓度呈现逐年升高趋势；2011—2017 年，NH_3-N 质量浓度呈现逐年下降趋势；2018—2020 年，NH_3-N 质量浓度呈现升高趋势。2015 年以前，NH_3-N 质量浓度超过了Ⅴ类；2010 年，NH_3-N 质量浓度达到峰值，超标倍数为 7；2011 年，NH_3-N 质量浓度开始总体呈现下降趋势；2016—2020 年，NH_3-N 质量浓度稳定保持在Ⅲ类及更优标准（附图 3-16）。

3.4 水资源现状

从广义来说，流域水资源是指当地降雨形成时对生态环境和人类社会具有效用的水量，包括有效降雨和径流性水资源两部分；从狭义来说，流域水资源是指当地降水形成的地表、地下产水总量，包括河川径流量和降雨入渗补给地下水而未通过河川基流排泄的水量。本书将从狭义水资源的角度分析异龙湖流域的水资源现状。

3.4.1 流域径流量

根据《红河州石屏县异龙湖及相关区域水资源利用规划报告》，采用矩法公式进行参数初估，频率曲线线型采用 P-Ⅲ型，通过目估适线法确定变差系数（C_v）为 0.35、偏态系数（C_s）为 2 C_v，通过最终径流还原计算得出异龙湖流域多年平均径流量为 4 690 万 m^3。

3.4.2 湖体水位及蓄水量变化

1. 水位变化

根据 2008—2013 年的湖泊水位资料（表 3-5）可知，异龙湖的水位变化分为 2 个阶段。第一阶段为 2008—2013 年，由于连年干旱，异龙湖湖面水位持续下降，最低水位为 1 410.44 m，最高水位为 1 413.9 m，月平均水位差大于 0.2 m，部分幅度在 0.8 m 以上。其间，异龙湖的湿地系统处于破碎化、不稳定时期。第二阶段为 2013—2018 年，湖面水位持续上升，最低水位为 1 410.44 m，最高水位为 1 414.13 m，月平均水位差大于 0.4 m，部分幅度在 1.0 m 以上。

表 3-5　2008—2018 年异龙湖湖泊水位统计　　单位：m

年份	年平均水位	月平均低水位	月平均高水位	月平均水位差
2008	1 413.77	1 413.52	1 413.9	0.38
2009	1 413.53	1 413.27	1 413.88	0.61
2010	1 412.7	1 412.41	1 413.25	0.84
2011	1 412.3	1 412.15	1 412.43	0.28
2012	1 411.6	1 411.34	1 412.14	0.8
2013	1 410.91	1 410.44	1 411.6	1.16
2014	1 411.74	1 411.23	1 411.9	0.67
2015	1 412.19	1 411.88	1 412.45	0.57
2016	1 412.70	1 412.29	1 413.48	1.19
2017	1 413.66	1 413.46	1 413.94	0.48
2018	1 413.69	1 413.51	1 414.13	0.62

总体来看（附图 3-17），异龙湖年平均水位呈现先下降再上升的趋势。2013 年 6 月 25 日月平均低水位达到近年最低水位 1 410.44 m，截至 2018 年 12 月底，湖面月平均高水位恢复至 1 414.13 m。

2. 蓄水量变化

异龙湖正常蓄水位为 1 414.2 m（黄海高程，下同），相应水量为 11 605 万 m^3。2008—2013 年，受连续干旱影响，异龙湖水位迅速下降，于 2013 年 1 月底降至最低，蓄水量仅为 1 615.47 万 m^3。

2013 年以后，异龙湖始终处于蓄水状态，没有形成出流。2017 年 3 月 10 日，异龙湖湖水实现西进东出，复归珠江水系。2013—2018 年，异龙湖水位持续上升，于 2018 年 9 月底升至最大蓄水量，为 11 355.77 万 m^3。具体统计结果见表 3-6 和附图 3-18。

表 3-6　2008—2018 年异龙湖蓄水量统计　　单位：万 m^3

年份	年平均蓄水量	月平均最小蓄水量	月平均最大蓄水量	月平均蓄水量之差
2008	10 174.93	9 359.43	10 747.10	1 387.67
2009	9 394.14	8 577.80	10 502.94	1 925.14
2010	6 879.94	6 043.32	8 518.90	2 475.58
2011	5 555.16	5 308.33	6 090.32	781.99
2012	3 859.97	3 201.42	5 267.00	2 065.58
2013	2 410.49	1 615.47	3 836.58	2 221.11
2014	4 236.36	2 963.67	5 950.23	2 986.57
2015	5 430.14	4 549.52	6 156.18	1 606.66
2016	6 885.78	5 706.77	9 253.27	3 546.50
2017	9 080.43	9 188.40	10 771.52	9 357.72
2018	9 920.47	9 335.94	11 355.77	2 019.83

3.4.3 异龙湖出湖水量

异龙湖通过新街海河出流。2018 年，新街海河出流量为 8 727.7 万 m^3（表 3-7）。

表 3-7 2018 年异龙湖出流量汇总 单位：万 m^3

1月	2月	3月	4月	5月	6月	7月	8月	9月	10月	11月	12月	合计
0	0	44	424.04	746.64	501.12	751.63	1 453	1 765	1 414.57	902.8	724.9	8 727.7

3.4.4 供水基础设施调查

1. 流域外现状供水基础设施

高冲水库：为石屏县供水控制性水利工程，水库汇水区总面积为 215.85 km^2，其中位于异龙湖流域内的汇水区面积为 2.85 km^2，仅占流域总汇水区面积的 1.32%；位于流域外的汇水区面积为 213 km^2，占流域总汇水区面积的 98.68%。本书将高冲水库作为流域外供水设施考虑。高冲水库总库容为 1 051.1 万 m^3，兴利库容为 946 万 m^3，年供水量为 1 840.8 万 m^3。高冲水库水量直接通过输水干渠送往异龙湖流域南部灌区。

阿白冲水库：阿白冲坝址以上引水区径流面积为 116.4 km^2，在异龙湖流域内径流面积为 24.4 km^2，水库总库容为 1 538.0 万 m^3，兴利库容为 1 226.4 万 m^3，灌溉面积为 2.91 万亩①。年供水量为 1 718.8 万 m^3，水量通过阿白冲水库输水渠送往高冲水库。

北水南调工程：北水南调工程的主要任务是以农业灌溉为主，兼顾城市供水，是一件跨流域的综合性引水工程。该工程以龙武镇大寨水库为起点，连通拖龙黑水库、大寨水库、宜其达水库、水瓜冲水库、黄草坝水库。

拖龙黑水库：始建于 1951 年，经 3 次加坝后达到现规模，是一座以农业灌溉为主的水利工程，坝址以上径流面积为 5.82 km^2，多年平均径流量为 346.0 万 m^3，设计总库容为 239.0 万 m^3，兴利库容为 183.6 万 m^3，设计年供水量为 192.4 万 m^3。

大寨水库：始建于 1957 年，经 3 次加坝后达到现规模，是一座以农业灌溉为主，兼顾乡镇供水及防洪的水利工程，坝址以上径流面积 12.3 km^2，多年平均径流量为 270.0 万 m^3，设计总库容为 274.0 万 m^3，兴利库容为 173.6 万 m^3，设计年供水量为 170.0 万 m^3。

宜其达水库：始建于 2010 年，2016 年 8 月建设竣工，是以农业灌溉为主的小型水利工程，位于大寨水库下游，坝址以上径流面积为 34.0 km^2（其中本区为 15.9 km^2，大寨水库为 12.3 km^2，拖龙黑水库为 5.8 km^2），多年平均径流量为 378.4 万 m^3，设计总库容为

① 1 亩=1/15 hm^2。

133.4 万 m^3，兴利库容为 97.7 万 m^3，设计年供水量为 121.7 万 m^3。

水瓜冲水库：一座以农业灌溉为主、兼顾乡镇供水及防洪的水利工程，坝址以上径流面积为 7.75 km^2，设计总库容为 77.1 万 m^3，兴利库容为 58.7 万 m^3，设计年供水量为 107.8 万 m^3。

黄草坝水库：位于哨冲镇黄草坝大寨村旁，距石屏县 70 km，以农田灌溉为主，兼顾部分乡镇供水任务，为天然凹地，库盆开阔，本区径流面积仅有 6.1 km^2，来水不足，需靠外流域引水补蓄，设计总库容为 1 385.1 万 m^3，兴利库容为 1 209.1 万 m^3，设计年供水量为 897.8 万 m^3。

2．异龙湖补水工程

异龙湖补水工程主要包含 6 个子项目。

（1）水尾提水项目

该项目新建于 2017 年，工程现状主要任务是通过泵站提水至左岸高位水池，由高位水池通过管道输水至黄草坝水库，通过石屏县建设的北水南调工程系统输水进入石屏南部坝区的高冲水库，最终补水进入异龙湖。工程取水口以上的径流面积为 51.6 km^2，工程设计最大提水流量为 1.0 m^3/s。大练庄水库至赤瑞湖连通工程修建后，水尾提水泵站将继续发挥对石屏县北部山区沿途村寨的供水效益。

（2）小箐至阿白冲连通项目

该项目新建于 2016 年，是异龙湖一项临时性补水工程，工程现状主要任务是输水至高冲水库最终补水至异龙湖。工程在拟建的小箐水库上游建取水坝，通过管道引水至阿白冲水库位于腊左寨的倒虹吸消力池，通过阿白冲输水明渠输水进入高冲水库。工程设计引水流量为 0.8 m^3/s。现状管道进口中心线高程为 1 477.0 m。小箐水库修建后，该输水管在水库坝址处的进水口高程为 1 469.1 m（拟建小箐水库死水位为 1 465.0 m，正常蓄水位为 1 486.1 m）。水库修建后，该输水管将承担向高冲水库供水、保障异龙湖南岸灌片灌溉的工程任务。

（3）黄草坝至阿白冲连通项目

该项目新建于 2016 年，建设地点位于石屏县哨冲镇和新城乡，主要任务是连接黄草坝水库和阿白冲水库，再由阿白冲水库与高冲水库相连，最终实现将石屏县北部黄草坝水库富余的水资源补给石屏县南部的异龙湖，工程引水流量为 1.0 m^3/s。年引水量为 811.2 万 m^3。

（4）小岔河提水项目

该项目新建于 2016 年，建设地点位于云南省红河州石屏县龙朋镇咩哺村村委会，泵站位于甸中河下游段，距离咩哺村村委会的直线距离为 2.47 km，距离龙朋镇的直线距离为 10.49 km，距离石屏县县城的直线距离为 13.92 km，距离高冲水库的直线距离为 10.82 km。

该工程通过在甸中河下游段新建泵站，提水至已建的高冲水库引水渠道，输水进入高冲水库，最终通过高冲水库输入异龙湖。设计的提水流量为 0.1 m^3/s，年提水量为 261.8 万 m^3。

（5）高冲水库至杉木冲水库连通工程项目

该项目于 2016 年 11 月 16 日开工，2018 年 1 月 28 日完工，2018 年 9 月 30 日完成验收，在异龙湖南岸马房湾和坝心镇形成了 2 个湖内固定补水点，设计补水流量达 0.62 m^3/s。

（6）高冲水库至仁寿村连通工程项目

该项目于 2016 年 10 月 13 日开工，2018 年 3 月 23 日完工，2018 年 9 月 30 日完成验收。在异龙湖北岸城南河口及仁寿村形成了 3 个湖内固定补水点，设计补水流量达 1.29 m^3/s。2017 年，异龙湖补水量为 2 956.73 万 m^3；2018 年，异龙湖补水量为 5 085.16 万 m^3（表 3-8）。

表 3-8 异龙湖补水量汇总

单位：万 m^3

时间	1 月	2 月	3 月	4 月	5 月	6 月	7 月	8 月	9 月	10 月	11 月	12 月	合计
2017 年	173.80	170.84	107.38	346.80	376.99	249.95	217.00	101.50	272.00	233.74	240.00	466.73	2 956.73
2018 年	498.56	368.78	428.41	466.67	414.89	369.72	275.28	394.32	367.60	477.34	518.35	505.25	5 085.16

3．流域内现状供水基础设施

（1）蓄水工程

王横塘水库：位于石屏县西南部弥太泊河上的土老冲村旁，属珠江流域泸江水系水库，距县城 2 km，总库容为 187 万 m^3，正常库容为 154.3 万 m^3，兴利库容为 150.3 万 m^3，水库径流面积为 30.7 km^2（其中异龙湖流域面积为 3.6 km^2，外流域面积为 27.1 km^2），多年平均径流量为 189.4 万 m^3，经过调节计算，P =75%的年份灌溉面积为 0.17 万亩，供水量为 100.6 万 m^3。

袁家山水库：位于石屏县郊区袁家山村旁，属珠江流域泸江水系水库，距县城 1.5 km，总库容为 103.4 万 m^3，正常库容为 96.7 万 m^3，兴利库容为 89.9 万 m^3，水库径流面积为 37.5 km^2（其中异龙湖流域面积为 0.4 km^2，外流域面积为 37.1 km^2），多年平均径流量为 105.5 万 m^3，经过调节计算，P =75%的年份灌溉面积为 0.14 万亩，供水量为 82.9 万 m^3。

大坝水库：位于石屏县宝秀镇大坝村的红河流域蛮子河上，距县城 15 km，总库容为 227 万 m^3，兴利库容为 199 万 m^3，本区径流面积为 2.85 km^2，主要依靠三岔河引水系统通过亚房子北大沟向大坝水库引水，为以农业灌溉为主、兼顾乡镇供水的小（一）型水利工程，经过调节计算，P =75%的年份灌溉面积为 0.3 万亩，供水量为 131.4 万 m^3，集镇供水量为 11.2 万 m^3，工业供水量为 12.6 万 m^3，农村人畜供水量为 20 万 m^3。

赤瑞湖：其形成源于 1 亿年以前的几次强烈的造山运动，湖域位于石屏县城西 10 km

的宝秀坝区，东经 102°24'～102°35'、北纬 23°45′～23°46′，四周均为宝秀区辖境，海拔为 1 427.5 m，集水面积为 24.5 km^2。2010 年对赤瑞湖进行清淤后，赤瑞湖面积增至 581 亩，平均水深为 3 m，蓄水量为 123.74 万 m^3。灌溉面积为 0.23 万 m^3，农业灌溉供水量为 136.2 万 m^3，农村人畜供水量为 94.6 万 m^3。

小型水库：异龙湖片区共有小（二）型水库 24 座，总库容共计 458.2 万 m^3，兴利库容共计 394.4 万 m^3。小（二）型水库总供水量为 548.3 万 m^3，其中农业灌溉供水量为 301.8 万 m^3，灌溉面积为 0.65 万亩，城镇生活供水量为 25.2 万 m^3，农村人畜供水量为 192 万 m^3，工业供水量为 29.3 万 m^3。

小坝塘：异龙湖北岸片区共有小坝塘 53 件，总库容共计 140.4 万 m^3，兴利库容共计 125 万 m^3。小坝塘总供水量为 177.4 万 m^3，其中农业灌溉供水量为 75.4 万 m^3，灌溉面积为 0.19 万亩，农村人畜供水量为 102 万 m^3。

（2）提水工程

根据现场调查和石屏县湖管局提供的资料（附图 3-19），2017—2018 年，流域内的提水工程主要有 6 处，提水水源均为异龙湖。异龙湖片区提水工程总装机为 2 890 kW，供水量为 1 237.7 万 m^3，全部为农业灌溉供水，灌溉面积为 2.68 万亩。其中，马宝龙取水口、毛木咀取水口和牛角咀取水口均为闸门控制，2018 年提水量为 600 万 m^3；白浪取水泵站、牛古取水泵站和杨梅山取水泵站均为小型泵房提水，2018 年的提水量为 400 万 m^3。2018 年沿湖提灌水量合计 1 000 万 m^3。

（3）地下水（深井提水）

深井工程：异龙湖片区共有深井工程 23 项，供水量为 83.9 万 m^3，全部为农村人畜饮水。

龙潭水源：根据调查统计，异龙湖径流区内共有出露的龙潭水源 21 个，主要分布于异龙湖北岸。涉及龙潭有松村龙潭、符家营龙潭、寺脚底龙潭、半月池龙潭、普陀岩龙潭、白马庙龙潭、左所龙潭、大水 1#龙潭、大水 2#龙潭、大水 3#龙潭、螃蟹 1#龙潭、螃蟹 2#龙潭、仁寿村泵站龙潭、仁寿村 1#龙潭、仁寿村 2#龙潭、孙家乐龙潭、龙井 1#龙潭、龙井 2#龙潭、龙井 3#龙潭、九股龙潭、大龙井龙潭。根据龙潭水源调查统计，其年均流水量为 1 324.0 万 m^3。

（4）五小水利工程

根据调查资料，异龙湖片区五小水利工程总供水量为 107.5 万 m^3，其中农业灌溉为 45 万 m^3，灌溉面积为 0.09 万亩，农村人畜供水量为 62.5 万 m^3。

3.4.5 流域现状可供水量

1. 流域外现状供水量统计

异龙湖流域外可向流域内供水的蓄水工程主要有高冲水库和阿白冲水库，流域外调水工程为北水南调工程，流域外补水工程主要有水尾提水工程和小岔河提水工程。蓄水工程提引水量见表 3-9，调水工程提引水量见表 3-10，补水工程提引水量见表 3-11，异龙湖流域外现状供水量统计见表 3-12。

表 3-9 异龙湖流域外蓄水工程提引水量计算

<table>
<tr><th>名称</th><th>设计供水量/万 m³</th><th>径流面积/km²</th><th>频率</th><th>径流量/万 m³</th><th>可引调水量/万 m³</th></tr>
<tr><td rowspan="3">高冲水库</td><td rowspan="3">1 840.8</td><td rowspan="3">2.85（本区内），213.0（本区外）</td><td>50%（平水年）</td><td>2 182.5</td><td>459.99</td></tr>
<tr><td>75%（枯水年）</td><td>2 098.5</td><td>290.71</td></tr>
<tr><td>90%（特枯年）</td><td>1 489.9</td><td>0</td></tr>
<tr><td rowspan="3">阿白冲水库</td><td rowspan="3">1 718.8</td><td rowspan="3">24.4（本区内），116.4（本区外）</td><td>50%（平水年）</td><td>2 412.1</td><td>828.3</td></tr>
<tr><td>75%（枯水年）</td><td>1 785.0</td><td>66.2</td></tr>
<tr><td>90%（特枯年）</td><td>1 213.8</td><td>0</td></tr>
<tr><td rowspan="3">小计</td><td rowspan="3">3 559.6</td><td rowspan="3">—</td><td>50%（平水年）</td><td>—</td><td>1 288.29</td></tr>
<tr><td>75%（枯水年）</td><td>—</td><td>356.91</td></tr>
<tr><td>90%（特枯年）</td><td>—</td><td>0</td></tr>
</table>

表 3-10 异龙湖流域外调水工程提引水量计算

<table>
<tr><th>名称</th><th>设计供水量/万 m³</th><th>径流面积/km²</th><th>频率</th><th>径流量/万 m³</th><th>可引调水量/万 m³</th></tr>
<tr><td rowspan="3">北水南调工程</td><td rowspan="3">1 489.7</td><td rowspan="3">—</td><td>50%（平水年）</td><td>2 638.2</td><td>1 247</td></tr>
<tr><td>75%（枯水年）</td><td>2 169.7</td><td>663.5</td></tr>
<tr><td>90%（特枯年）</td><td>1 652.8</td><td>122.6</td></tr>
</table>

表 3-11 异龙湖流域外补水工程提引水量计算

<table>
<tr><th>名称</th><th>设计提水流量/(m³/s)</th><th>径流面积/km²</th><th>频率</th><th>径流量/万 m³</th><th>可引调水量/万 m³</th></tr>
<tr><td rowspan="3">水尾提水工程</td><td rowspan="3">1.0（年供水量 3 153.6 万 m³）</td><td rowspan="3">51.6</td><td>50%（平水年）</td><td>1 095.6</td><td>898.4</td></tr>
<tr><td>75%（枯水年）</td><td>978.2</td><td>873.4</td></tr>
<tr><td>90%（特枯年）</td><td>655.4</td><td>537.4</td></tr>
<tr><td rowspan="3">小岔河提水工程</td><td rowspan="3">0.1（年供水量 315.4 万 m³）</td><td rowspan="3">154</td><td>50%（平水年）</td><td>336.8</td><td>276.2</td></tr>
<tr><td>75%（枯水年）</td><td>315.3</td><td>258.6</td></tr>
<tr><td>90%（特枯年）</td><td>175.4</td><td>143.8</td></tr>
<tr><td rowspan="3">小计</td><td rowspan="3">—</td><td rowspan="3">—</td><td>50%（平水年）</td><td>—</td><td>1 174.6</td></tr>
<tr><td>75%（枯水年）</td><td>—</td><td>1 132</td></tr>
<tr><td>90%（特枯年）</td><td>—</td><td>681.2</td></tr>
</table>

表 3-12　异龙湖流域外供水工程提引水量统计

名称	频率	可引调水量/万 m^3
异龙湖流域外供水工程	50%（平水年）	3 709.89
	75%（枯水年）	2 152.41
	90%（特枯年）	803.8

2. 流域内现状供水量统计

异龙湖流域内共有蓄水工程 81 座，其中小（一）型水库 4 处，分别为王横塘水库、袁家山水库、大坝水库和赤瑞湖；小（二）型水库 24 座；小塘坝工程 53 处，蓄水工程总供水量为 1 315.2 万 m^3，灌溉面积为 1.68 万亩。引提工程共 6 处，供水量为 1 237.7 万 m^3，灌溉面积为 2.68 万亩。五小水利工程供水量为 107.5 万 m^3，灌溉面积为 0.09 万亩。地下水工程供水量为 83.9 万 m^3。上述水利工程总供水量为 2 744.3 万 m^3。异龙湖流域内各水利工程供水量具体情况见表 3-13。

表 3-13　异龙湖流域内各水利工程供水量情况

工程类别	各供水工程供水量/万 m^3				设计灌溉面积/万亩
	生活工业	农业	生态补水	小计	
蓄水工程	486.9	828.3	0	1 315.2	1.68
提水工程	0	1 237.7	0	1 237.7	2.68
五小水利工程	62.5	45	0	107.5	0.09
地下水工程	83.9	0	0	83.9	0
合计	633.3	2 111	0	2 744.3	4.45

3. 全流域现状供水量统计

在设计平水年条件下（P =50%），异龙湖流域现状可供水量为 6 454.19 万 m^3；在设计枯水年条件下（P =75%），异龙湖流域现状可供水量为 4 896.71 万 m^3；在设计特枯水年条件下（P =90%），异龙湖流域现状可供水量为 3 548.1 万 m^3（表 3-14）。

表 3-14　异龙湖流域现状供水量统计

片区	频率	供水量/万 m^3
异龙湖流域	50%（平水年）	6 454.19
	75%（枯水年）	4 896.71
	90%（特枯年）	3 548.1

3.4.6 现状需水量调查

异龙湖流域现状需水量预测包括农业灌溉需水量、工业生产需水量、城镇生活需水量、城镇综合服务业需水量、农村居民生活需水量、畜牧业需水量和生态需水量。

1. 农业灌溉需水量

（1）农作物种植面积

流域内的农田类型主要为水田和旱田，作物种植类型主要为小麦、杂粮、果类、玉米、烤烟和甘蔗等，根据石屏县农业局提供的2020年3个乡镇的统计报表数据可得各类作物种植面积（表3-15）。异龙湖流域内的异龙镇、宝秀镇和坝心镇2020年的大春作物主要为稻谷、玉米、荞麦、豆类、薯类和烤烟，小春作物主要为小麦、杂粮、豆类、薯类和油菜，常年种植的作物为甘蔗、蔬菜、柑橘和杨梅。

表3-15 异龙湖流域现状年农作物播种面积统计表 单位：亩

作物类型			异龙镇	宝秀镇	坝心镇	合计
大春	稻谷	杂交稻	14 983.80	4 200.00	4 212.00	23 395.8
		中稻和一季晚稻	15 300.00	4 200.00	4 212.00	23 712
	玉米		11 288.85	7 064.40	4 144.40	22 497.65
	荞麦		424.83	283.92	0.00	708.75
	豆类	大豆	1 499.40	336.00	208.00	2 043.4
		杂豆	132.60	467.88	295.88	896.36
	薯类		2 688.72	4 632.60	2 207.40	9 528.72
	烤烟		5 561.55	2 690.10	1 271.40	9 523.05
小春	小麦		6 120.00	3 654.00	3 640.00	13 414
	杂粮		239.70	180.60	379.60	799.9
	豆类	大豆	306.00	0.00	0.00	306
		蚕豆	635.97	210.00	189.80	1 035.77
		杂豆	2 016.03	588.00	538.20	3 142.23
	薯类		7 094.10	1 386.00	1 872.00	10 352.1
	油菜		2 333.25	1 467.90	842.40	4 643.55
常年	甘蔗		1 927.80	2 979.90	569.40	5 477.1
	蔬菜		29 126.61	8 849.40	9 489.48	47 465.49
	柑橘		1 713.09	520.38	557.96	2 791.43
	杨梅		3 426.69	1 041.18	1 116.44	5 584.31
大春			51 879.75	23 874.9	16 551.08	—
小春			18 745.05	7 486.50	7 462.00	—
大春+常年			88 073.94	37 265.76	28 284.36	—
小春+常年			54 939.24	20 877.36	19 195.28	—
复种指数			162.38%	156.02%	167.87%	—

（2）农作物灌溉制度

异龙湖流域农作物灌溉制度是参照云南省地方标准《用水定额》（DB53/T 168—2019），并结合现场调查数据拟定的。灌溉水利用系数是反映农业灌溉水利用效率、管理水平、节水灌溉的一个重要指标，是进行灌溉需水预测的基础。石屏县是农业大县，农业用水占比大，农业用水定额与灌区作物种类、种植结构、灌溉方式均有关。参考《云南省石屏县节水型社会建设“十三五”规划》（红河州水利水电工程地质勘察咨询规划研究院，2018 年 12 月），异龙湖流域各乡镇规划水平年灌溉水利用系数见表 3-16。

表 3-16 异龙湖流域各乡镇规划水平年灌溉水利用系数

乡镇	灌溉水利用系数				
	2015 年	2018 年	2020 年	2025 年	2035 年
异龙镇	0.588	0.59	0.62	0.65	0.7
宝秀镇	0.588	0.59	0.62	0.65	0.7
坝心镇	0.588	0.59	0.62	0.65	0.7

（3）农作物灌溉需水量

2020 年，异龙湖流域（P =75%）农业灌溉总需水量为 5 703.32 万 m^3，其中异龙镇农业灌溉总需水量为 3 348.49 万 m^3，宝秀镇农业灌溉总需水量为 1 281.42 万 m^3，坝心镇农业灌溉总需水量为 1 073.41 万 m^3（表 3-17、表 3-18）。

表 3-17 2020 年异龙湖流域现状年农业灌溉综合用水定额

<table>
<tr><th rowspan="2">时令</th><th rowspan="2">作物类型</th><th colspan="3">净用水定额/（m³/亩）</th><th rowspan="2">灌溉水利用系数</th><th colspan="3">总用水定额/（m³/亩）</th></tr>
<tr><th>P =50%</th><th>P =75%</th><th>P =90%</th><th>P =50%</th><th>P =75%</th><th>P =90%</th></tr>
<tr><td rowspan="8">大春</td><td>杂交稻</td><td>287.5</td><td>330.0</td><td>367.5</td><td rowspan="12">0.59</td><td>487.2</td><td>559.3</td><td>622.8</td></tr>
<tr><td>中稻和一季晚稻</td><td>216.7</td><td>227.5</td><td>267.5</td><td>367.2</td><td>385.5</td><td>453.3</td></tr>
<tr><td>玉米</td><td>98.7</td><td>110.0</td><td>127.3</td><td>167.2</td><td>186.4</td><td>215.8</td></tr>
<tr><td>荞麦</td><td>63.3</td><td>70.0</td><td>76.7</td><td>107.3</td><td>118.6</td><td>129.9</td></tr>
<tr><td>大豆</td><td>56.7</td><td>70.0</td><td>83.3</td><td>96.0</td><td>118.6</td><td>141.2</td></tr>
<tr><td>杂豆</td><td>56.7</td><td>70.0</td><td>83.3</td><td>96.0</td><td>118.6</td><td>141.2</td></tr>
<tr><td>薯类</td><td>50.0</td><td>55.0</td><td>63.3</td><td>84.7</td><td>93.2</td><td>107.3</td></tr>
<tr><td>烤烟</td><td>90.0</td><td>100.0</td><td>116.7</td><td>152.5</td><td>169.5</td><td>197.7</td></tr>
<tr><td rowspan="4">小春</td><td>小麦</td><td>136.7</td><td>155.0</td><td>173.3</td><td>231.6</td><td>262.7</td><td>293.8</td></tr>
<tr><td>杂粮</td><td>73.3</td><td>80.0</td><td>86.7</td><td>124.3</td><td>135.6</td><td>146.9</td></tr>
<tr><td>大豆</td><td>63.3</td><td>70.0</td><td>83.3</td><td>107.3</td><td>118.6</td><td>141.2</td></tr>
<tr><td>蚕豆</td><td>130.0</td><td>140.0</td><td>153.3</td><td>220.3</td><td>237.3</td><td>259.9</td></tr>
</table>

时令	作物类型	净用水定额/（m^3/亩）			灌溉水利用系数	总用水定额/（m^3/亩）		
		P =50%	*P* =75%	*P* =90%		*P* =50%	*P* =75%	*P* =90%
小春	杂豆	60.0	70.0	83.3	0.59	101.7	118.6	141.2
	薯类	50.0	55.0	63.3		84.7	93.2	107.3
	油菜	150.0	165.0	203.3		254.2	279.7	344.6
常年	甘蔗	256.7	280.0	323.3		435.0	474.6	548.0
	蔬菜	193.3	212.3	243.3		327.7	359.9	412.4
	柑橘	132.0	145.0	163.3		223.7	245.8	276.8
	杨梅	73.3	80.0	90.0		124.3	135.6	152.5

表 3-18 2020 年异龙湖流域现状年农业灌溉总需水量 单位：万 m^3

片区	保证率	毛需水量
异龙镇	*P* =50%	3 029.76
	P =75%	3 348.49
	P =90%	3 833.69
宝秀镇	*P* =50%	1 158.83
	P =75%	1 281.42
	P =90%	1 470.22
坝心镇	*P* =50%	970.20
	P =75%	1 073.41
	P =90%	1 227.91
异龙湖流域	*P* =50%	5 158.78
	P =75%	5 703.32
	P =90%	6 531.82

2. 工业生产需水量

石屏县的工业用水主要集中在异龙湖流域。根据调查统计资料，异龙湖流域内的工业企业主要有豆制品、白酒制造、水果和坚果加工、制糖业、蔬菜加工、肉制品及副产品加工和牲畜屠宰等，共计 47 家。据编制技术组调查，流域内豆腐加工业分为鲜豆腐加工户、豆腐皮加工户和豆制品加工企业，三类豆腐加工业年产量为 12 212 t，各家企业用水规模根据其生产工艺和调查资料确定，其余行业根据统计年产量及云南省地方标准《用水定额》（DB53/T 168—2019）估算行业年需水量。经计算，2020 年异龙湖流域的工业生产现状供水量为 291.47 万 m^3，详见表 3-19。

表 3-19 2020 年异龙湖流域工业生产现状供水量统计

序号	乡镇	企业数量/个	行业类别	生产规模/（t/a）	用水规模/（m^3/t）	需水量/万 m^3
1	异龙镇	1	制糖业	7 980.2	—	24.76
2		1	蔬菜加工	150	30	0.45
3		1	肉制品及副产品加工	550	35	1.93
4		1	牲畜屠宰	6 168.5	—	3.31
5		41	豆制品	12 212	10～20	236.93
小计		45	—	—	—	267.38
1	坝心镇	1	白酒制造	30	30	0.09
2		1	水果和坚果加工	8 000	30	24.00
小计		2	—	—	—	24.09
合计		47	—	—	—	291.47

3．城镇生活需水量

城镇生活需水量采用人均日用水量方法进行预测。根据经济社会发展水平、城镇规模、人均收入水平、水价水平、节水器具推广与普及情况，结合气候条件、生活用水习惯和异龙湖流域内的城镇分布和用水特点进行预测。

考虑 15%的管网漏损率，2020 年异龙湖流域现状年城镇生活毛需水量为 148.99 万 m^3，其中异龙镇 109.55 万 m^3，宝秀镇 24.06 万 m^3，坝心镇 15.38 万 m^3（表 3-20）

表 3-20 2020 年异龙湖流域现状年城镇生活需水量统计

乡镇	城镇人口/万人	城镇生活用水定额/[L/（人·d）]	城镇净需水量/万 m^3	管网漏损率/%	城镇毛需水量/万 m^3
异龙镇	2.372 5	110	95.26	15	109.55
宝秀镇	0.521 1		20.92		24.06
坝心镇	0.333 1		13.37		15.38
合计	3.226 7		129.55		148.99

4．城镇综合服务业需水量

（1）住宿业

2020 年异龙湖流域现状年住宿业需水量为 15.00 万 m^3，其中异龙镇为 13.41 万 m^3，宝秀镇为 0.75 万 m^3，坝心镇为 0.84 万 m^3（表 3-21）。

表 3-21 2020 年异龙湖流域现状年住宿业需水量统计

序号	乡镇	宾馆数量	接待人/（人次/d）	床位数/张	用水规模/（L/人次）	需水量/万 m^3
1	异龙镇	51	1 515	3 061	120	13.41
2	宝秀镇	6	46	172	120	0.75
3	坝心镇	4	51	191	120	0.84
合计		61	1 612	3 424	120	15.00

（2）餐饮业

2020 年异龙湖流域现状年餐饮业需水量为 10.63 万 m^3，其中异龙镇为 7.45 万 m^3，宝秀镇为 2.15 万 m^3，坝心镇为 1.03 万 m^3（表 3-22）。

表 3-22 2020 年异龙湖流域现状年餐饮业需水量统计

乡镇	餐饮店数量	接待能力/（人/a）	接待人数/（人/d）	用水规模/（L/人次）	需水量/万 m^3
异龙镇	124	39 103 162	8 169	25～37	7.45
宝秀镇	79	858 115	2 351	25	2.15
坝心镇	6	412 200	1 130	25～37	1.03
合计	209	40 373 477	11 650	25～37	10.63

（3）美容业

异龙湖流域的美容业主要集中在异龙镇，共计 48 家。2020 年异龙湖流域现状年美容业需水量为 0.36 万 m^3（表 3-23）。

表 3-23 2020 年异龙湖流域现状年美容业需水量统计

乡镇	美容店数量	接待能力/（人/a）	接待人数/（人次/d）	用水规模/（L/人次）	需水量/万 m^3
异龙镇	48	78 370	244	40	0.36

（4）理发业

通过调查得知，2020 年，异龙镇有 65 家理发店，年接待 15.19 万人次，需水量为 0.45 万 m^3；宝秀镇理发业需水量为 0.02 万 m^3；坝心镇理发业需水量为 0.06 万 m^3。2020 年异龙湖流域现状年理发业需水量为 0.53 万 m^3。

（5）医院

2020 年异龙湖流域现状年医院需水量为 6.39 万 m^3，其中异龙镇为 6.30 万 m^3，宝秀镇为 0.05 万 m^3，坝心镇为 0.04 万 m^3（表 3-24）。

表 3-24 2020 年异龙湖流域现状年医院需水量统计

序号	乡镇	医院名称	床位数/张	住院人数/（人次/d）	用水规模/（L/人次）	需水量/万 m^3
1	异龙镇	石屏县人民医院	568	398	150	3.11
2		石屏县中医医院	146	98	150	0.80
3		仁和医院	99	50	150	0.54
4		同仁医院	75	5	150	0.41
5		华夏医院	60	3	150	0.33
6		姚氏骨科医院	60	40	150	0.33
7		和惠医院	50	2	150	0.27
8	异龙镇	平安医院	39	36	150	0.21
9		安康医院	28	13	150	0.15
10		石屏县妇幼保健院	25	3	150	0.14
11		石屏县疾控中心	0	0	0	0.00
12		马房湾乡村医院	20	17	15	0.01
小计	—	—	1 170	665.13	15～150	6.30
13	宝秀镇	宝秀镇中心卫生院	85	9	15	0.05
小计	—	—	85	9	15	0.05
14	坝心镇	坝心镇中心卫生院	79	8	15	0.04
小计	—	—	79	8	15	0.04
合计	—	—	1 334	682	15～150	6.39

（6）汇总

2020 年异龙湖流域现状年城镇综合服务业需水量为 32.91 万 m^3，其中异龙镇为 27.97 万 m^3，宝秀镇为 2.97 万 m^3，坝心镇为 1.97 万 m^3（表 3-25）。

表 3-25 2020 年异龙湖流域现状年城镇综合服务业需水量统计 单位：万 m^3

乡镇	年需水量					
	住宿业	餐饮业	美容业	理发业	医院	合计
异龙镇	13.41	7.45	0.36	0.45	6.3	27.97
宝秀镇	0.75	2.15	0	0.02	0.05	2.97
坝心镇	0.84	1.03	0	0.06	0.04	1.97
合计	15.00	10.63	0.36	0.53	6.39	32.91

5. 农村居民生活需水量

根据石屏县农村安全饮水办公室提供的农村饮水供水情况统计表，异龙湖流域内的异龙镇、宝秀镇和坝心镇农村人口供水水量为 40～80 L/（人·d），平均值为 60 L/（人·d）。考虑 15%的管网漏损率，2020 年异龙湖流域现状年农村居民生活毛需水量为 278.48 万 m^3，其中异龙镇为 152.43 万 m^3，宝秀镇为 73.95 万 m^3，坝心镇为 52.10 万 m^3（表 3-26）。

表 3-26 异龙湖流域现状年农村居民生活需水量统计

片区	农村人口数/万人	农村生活用水量/[L/（人·d）]	农村生活净需水量/万 m^3	农村生活毛需水量/万 m^3
异龙镇	6.052 4	60	132.55	152.43
宝秀镇	2.935 9		64.30	73.95
坝心镇	2.068 5		45.30	52.10
异龙湖流域	11.056 8		242.15	278.48

6. 畜牧业需水量

2019 年，石屏县异龙湖流域内禁养畜禽，因此只预测散养畜禽蓄水量。石屏县异龙湖流域内散养的畜禽包括鸡、猪、牛和羊，根据云南省地方标准《用水定额》（DB 53/T168—2019），结合现场调查情况，异龙湖流域散养的猪、牛、羊和家禽用水定额分别为 0.9 L/（头·d）、25 L/（头·d）、55 L/（只·d）和 6.5 L/（只·d）。2020 年，异龙湖流域散养畜禽养殖需水量为 112.46 万 m^3，其中异龙镇为 38.09 万 m^3，宝秀镇为 9.27 万 m^3，坝心镇为 65.1 万 m^3（表 3-27）。

表 3-27 2020 年异龙湖流域散养畜禽养殖需水量预测结果

乡镇	猪/头	牛/头	羊/只	家禽/只	散养猪需水量/万 m^3	散养牛需水量/万 m^3	散养羊需水量/万 m^3	散养家禽需水量/万 m^3	合计/万 m^3
异龙镇	53 558	3 925	1 721	106 524	29.32	6.45	0.38	1.94	38.09
宝秀镇	15 154	105	555	37 176	8.30	0.17	0.12	0.68	9.27
坝心镇	107 920	97	157	319 022	59.09	0.16	0.03	5.82	65.1
合计	176 632	4 127	2 433	462 722	96.71	6.78	0.53	8.44	112.46

7. 生态需水量

（1）湿地需水量

异龙湖流域内的湿地总面积为 2 414 837 m^2，湿地用水定额取 7 000 m^3/hm^2，计算得出 2020 年异龙湖流域生态需水量为 169.04 万 m^3（表 3-28），其分布如附图 3-20 所示。

表 3-28 异龙湖流域的湿地分布及生态需水量统计

乡镇	湿地名称	面积/m^2	水深/m	库容/万 m^3	用水定额/（m^3/hm^2）	生态需水量/万 m^3
异龙镇	马宝龙湿地	1 088 425	1.4	55.81	7 000	76.19
	小瑞城湿地	362 312	1.33	29.16	7 000	25.36
	北岸湿地	776 100	0.6～2.0	14.46	7 000	54.33
坝心镇	龙港湿地	188 000	1.9	35.2	7 000	13.16
合计	—	2 414 837	—	—	—	169.04

（2）公共绿地需水量

根据测算，异龙湖流域内的公共绿地面积为 126.13 hm^2，用水定额按 2 L/（d·m^2）计算，2020 年异龙湖流域内公共绿地需水量为 92.07 万 m^3，陆域生态需水量为 261.11 万 m^3。

3.4.7 现状需水量

1. 需水量汇总

2020 年，异龙湖流域现状水平年（P =75%）各行业总需水量为 6 828.75 万 m^3，其中农业灌溉需水量为 5 703.31 万 m^3，工业需水量为 291.47 万 m^3，城镇生活需水量为 148.98 万 m^3，城镇综合服务业需水量为 32.95 万 m^3，农村居民生活需水量为 278.47 万 m^3，畜禽养殖需水量为 112.46 万 m^3，湿地需水量为 169.04 万 m^3，公共绿地需水量为 92.07 万 m^3（表 3-29）。

表 3-29 2020 年异龙湖流域不同保证率下各行业需水量预测汇总表 单位：万 m^3

保证率/%	农业灌溉需水量	工业需水量	城镇生活需水量	城镇综合服务业需水量	农村居民生活需水量	畜禽养殖需水量	湿地需水量	公共绿地需水量	合计
50	5 158.8	291.47	148.98	32.95	278.47	112.46	169.04	92.07	6 284.24
75	5 703.31	291.47	148.98	32.95	278.47	112.46	169.04	92.07	6 828.75
90	6 531.81	291.47	148.98	32.95	278.47	112.46	169.04	92.07	7 657.25

2. 需水结构分析

在枯水年条件下（P=75%），2020 年异龙湖流域测算的生产生活需水量为 6 828.75 万 m^3，相对目前的总供水量 4 897 万 m^3，生产生活仍存在 1 931.75 万 m^3 的缺水量，水资源供不应求，异龙湖流域仍存在不同程度缺水问题。

3.4.8　节水及水资源循环利用

异龙湖流域节水及水资源循环利用工程包括异龙湖湖堤防渗加固工程和异龙湖南岸（小水至青鱼湾）水资源循环利用工程。截至 2019 年 3 月，异龙湖湖堤防渗加固工程已完工验收并投入使用，由此，异龙湖每年减少了约 410 万 m^3 的渗漏量；异龙湖南岸（小水至青鱼湾）水资源循环利用工程暂未实施，这主要是因为近几年异龙湖流域雨量充沛，解决了农田灌溉与湖争水的问题。

第 4 章　旅游业状况

4.1　旅游资源状况

4.1.1　文物保护单位资源现状

异龙湖流域内文物古迹丰富且保护较为完整（附图 4-1），重点文物单位共计 90 处，其中国家级 6 处、省级 10 处、州级 18 处、县级 56 处，具体名录见表 4-1。

表 4-1　异龙湖流域文物保护单位统计

序号	名称	保护级别	项目类别	保护项目所在地
1	企鹤楼	国家级	近代史重要史迹	石屏县异龙镇云泉社区
2	陈氏宗祠	国家级	近代史重要史迹	石屏县宝秀镇郑营村
3	郑氏宗祠	国家级	近代史重要史迹	石屏县宝秀镇郑营村
4	来鹤亭	国家级	古建筑	石屏县异龙镇小瑞城村
5	石屏文庙建筑群	国家级	古建筑	石屏县异龙镇城东社区
6	袁嘉谷故居	省级	古建筑	石屏县异龙镇云泉社区
7	石屏秀山寺	省级	古建筑	石屏县宝秀镇吴营村
8	陈氏民居	省级	古建筑	石屏县宝秀镇郑营村
9	陶树吕氏宅院	省级	近代史重要史迹	石屏县异龙镇陶树村
10	泗澜桥阁	国家级	古建筑	石屏县坝心镇新街村
11	坝心王氏宅院	省级	近代史重要史迹	石屏县坝心镇坝心村
12	异龙镇大水村李氏宗祠	州级	古建筑	石屏县异龙镇大水村
13	符家营杨氏宗祠	州级	古建筑	石屏县异龙镇陶村
14	石屏古城区传统民居建筑群	省级	古建筑	石屏县异龙镇古城区
15	芦子沟传统民居建筑群	省级	古建筑	石屏县坝心镇芦子沟村
16	宝秀刘氏宗祠	省级	古建筑	石屏县宝秀镇中营街
17	罗色庙壁画	省级	古建筑	石屏县异龙镇罗色湾村

序号	名称	保护级别	项目类别	保护项目所在地
18	石屏万德寺	州级	古建筑	石屏县异龙镇小西山村
19	李家寨李氏宗祠	州级	古建筑	石屏县异龙镇李家寨村
20	石屏火车站	省级	近现代重要史迹	石屏县异龙镇云泉社区
21	石屏云台门	州级	古建筑	石屏县异龙镇云泉社区
22	石屏善觉寺	州级	古建筑	石屏县异龙镇万家营村
23	五合村观音寺	州级	古建筑	石屏县坝心镇老街村
24	龙港广胤寺	州级	古建筑	石屏县坝心镇老街村
25	宝秀四眼井	州级	古建筑	石屏县宝秀镇宝秀村
26	张贵寨武庙	州级	古建筑	石屏县宝秀镇张贵寨村
27	宝秀宝山阁	州级	古建筑	石屏县宝秀镇宝山村
28	郑营长春阁	州级	近现代重要史迹	石屏县宝秀镇郑营村
29	新海资白氏宗祠	州级	古建筑	石屏县坝心镇新海资村
30	石屏东正街南正街片区传统民居建筑群	州级	古建筑	石屏县异龙镇南正街
31	西正街传统民居建筑群	州级	古建筑	石屏县异龙镇西正街
32	为民巷传统民居建筑群	州级	古建筑	石屏县异龙镇为民巷
33	符家营传统民居建筑群	州级	古建筑	石屏县异龙镇符家营村
34	坝心村传统民居建筑群	州级	古建筑	石屏县坝心镇坝心村
35	李乔故居	县级	近现代重要史迹	石屏县异龙镇小炉匠巷
36	异龙镇蔡营村李官相民居	县级	近现代重要史迹	石屏县异龙镇李家寨村
37	大何家寨何氏宗祠	县级	古建筑	石屏县异龙镇李家寨村
38	蔡营村三元宫	县级	古建筑	石屏县异龙镇李家寨村
39	县城观音寺	县级	古建筑	石屏县异龙镇观音寺巷
40	尊经阁	县级	古建筑	石屏县异龙镇北正街
41	县城王家巷袁氏宗祠	县级	近现代重要史迹	石屏县异龙镇王家巷
42	县城正街铺26号杨氏宗祠	县级	古建筑	石屏县异龙镇正街铺
43	通明宫	县级	古建筑	石屏县异龙镇城东社区
44	县城三元街35号段若初民居	县级	近现代重要史迹	石屏县异龙镇三元街
45	焕文塔	县级	古建筑	石屏县异龙镇冒合村
46	张正堂别墅	县级	近现代重要史迹	石屏县异龙镇城东社区
47	元都木元帅陈氏墓	县级	古墓葬	石屏县异龙镇孙家营村
48	陈虚白墓	县级	古墓葬	石屏县异龙镇孙家营村
49	许鎡墓	县级	古墓葬	石屏县异龙镇蔡营五亩村
50	武庙大门	县级	古建筑	石屏县异龙镇城东社区
51	余瑞武民居	县级	古建筑	石屏县异龙镇正街铺
52	县城为民巷朱氏私塾	县级	古建筑	石屏县异龙镇为民巷
53	观音寺巷杨洁山民居	县级	近现代重要史迹	石屏县异龙镇观音寺巷

序号	名称	保护级别	项目类别	保护项目所在地
54	石屏峰	县级	古遗址	石屏县异龙镇回民巷
55	元柏	县级	古遗址	石屏县异龙镇城西黑龙坡
56	诸天寺大雄宝殿	县级	古建筑	石屏县异龙镇文成街
57	王氏祠堂大门	县级	古建筑	石屏县异龙镇田家巷
58	吕氏宗祠	县级	近现代重要史迹	石屏县异龙镇吕家巷
59	张家大院（民居）	县级	古建筑	石屏县异龙镇城正街铺
60	武进士墓（皇帝御赐祭葬碑）	县级	古墓葬	石屏县宝秀镇定兴寨
61	水月寺	县级	古建筑	石屏县坝心镇白浪村
62	龙港张氏宗祠	县级	近现代重要史迹	石屏县坝心镇老街村
63	王氏宗祠	县级	古建筑	石屏县坝心镇王家冲村
64	关上村黄氏宗祠	县级	近现代重要史迹	石屏县坝心镇新街村
65	关圣庙	县级	古建筑	石屏县坝心镇白浪村
66	张本寨张氏宗祠	县级	古建筑	石屏县宝秀镇郑营村
67	宝秀兰若寺	县级	近现代重要史迹	石屏县宝秀镇宝山村
68	宝秀凤山村王氏宗祠	县级	古建筑	石屏县宝秀镇凤山村
69	宝秀张向寨小学	县级	近现代重要史迹	石屏县宝秀镇张向寨村
70	许兰皋墓	县级	古墓葬	石屏县宝秀镇凤山村
71	白沙井革命烈士公墓	县级	近现代重要史迹	石屏县宝秀镇宝山公园
72	龙港村传统民居建筑群	县级	古建筑	石屏县坝心镇龙港村
73	孙家寨传统民居建筑群	县级	古建筑	石屏县坝心镇孙家寨
74	涂时相旧居	县级	古建筑	石屏县异龙镇观音寺巷
75	北正街传统民居建筑群	县级	古建筑	石屏县异龙镇北正街
76	张瀛（翰林）旧居	县级	古建筑	石屏县异龙镇弥太柏村
77	罗长华旧居	县级	古建筑	石屏县异龙镇诸天寺街
78	诸天寺街 41 号民居	县级	古建筑	石屏县异龙镇诸天寺街
79	郑营村进士第	县级	古建筑	石屏县宝秀镇郑营村
80	郑营村司马第	县级	古建筑	石屏县宝秀镇郑营村
81	郑营村武氏宗祠	县级	古建筑	石屏县宝秀镇郑营村
82	吴营村刘氏宗祠	县级	古建筑	石屏县宝秀镇吴营村
83	宝山街龙王庙	县级	古建筑	石屏县宝秀镇宝山村
84	许刘营村大庙	县级	古建筑	石屏县宝秀镇许刘营村
85	海东村大庙	县级	古建筑	石屏县坝心镇海东村
86	石缸村土主庙	县级	古建筑	石屏县坝心镇海东村
87	关上村 58 号民居	县级	古建筑	石屏县坝心镇新街村
88	关上村 44 号民居	县级	古建筑	石屏县坝心镇新街村
89	小炉匠巷 4 号民居	县级	近现代重要史迹	石屏县异龙镇小炉匠巷
90	杨陈营小学	县级	近现代重要史迹	石屏县宝秀镇大杨营村

4.1.2 非物质文化遗产

异龙湖流域非物质文化遗产保护成绩显著，非物质文化遗产共计 56 项，其中 3 项被列为国家级保护名录，9 项被列为省级保护名录，11 项被列为州级名录，33 项被列为县级保护名录（表 4-2）。

表 4-2　非物质文化遗产名录统计

等级	名称
国家级	彝族海菜腔、彝族烟盒舞、乌铜走银制作技艺
省级	彝族（花腰）剪纸、彝族（花腰）民歌、叙事长诗阿哩、彝族（花腰）刺绣、彝族（花腰）服饰、石屏豆腐制作技艺、彝族（仆拉）吹奏弹拨乐、彝族（仆拉）鼓舞、德培好
州级	异龙镇“微雕”、土掌房、合院式住屋、四弦制作、彝族（花腰）丧葬习俗、彝族（花腰）女子舞龙、彝族（花腰）婚嫁习俗、咪嘎好、书画装裱修复技艺、宝秀镇小冲村彝族传统文化保护区、石屏洞经音乐
县级	彝族民间故事、汉族民间故事、彝族山药腔、彝族四腔、彝族五山腔、宝秀彝族民歌、四弦弹奏曲、彝族贝玛调、石屏汉族民间小调、丧葬鼓吹曲、响竿舞、傣族倮舞、滇剧、彝族白话腔、舞狮、竹编、建筑彩绘、泥塑、石雕、烟盒制作技艺、傣族纺织技艺、龙灯制作技艺、麦秆画、羽毛画制作技艺、骨伤疗法、罗色庙赛歌会、傣族服饰、彝族（三道红）服饰、彝族火把节、“吃火草烟”习俗、彝族（仆拉）跳鼓坡习俗、傣族婚嫁习俗、哈尼族服饰

4.1.3 国家级历史文化街区

石屏古城（附图 4-2）始建于明代，至今尚存 70%以上保存较为完好的清代至民国时期的传统建筑，并保存有约 8%的元、明时期建筑。石屏历史文化街区保护范围主要是以 15 m 环城路为界的石屏古城街区，即北至环城北路，南至石屏城门以南的环城南路，南面包含解愠亭（原县委党校），东至环城东路，西至环城西路，总保护范围为 40.75 hm^2，2014 年被申报为云南省历史文化街区。2015 年 4 月被列为第一批中国历史文化街区。

4.1.4 传统村落

流域内省级规划示范村共计 9 个；传统村落共计 21 个，其中异龙镇 10 个、宝秀镇 5 个、坝心镇 6 个；省级规划示范村/传统村落 6 个，分别为豆地湾村、罗色湾村、小瑞城村、符家营村、郑营村和龙港村（表 4-3）。

表 4-3 流域内省级规划示范村/传统村落一览表

镇	序号	自然村	类型
异龙镇	1	仁寿村	省级规划示范村
	2	大水村	传统村落
	3	豆地湾村	省级规划示范村/传统村落
	4	符家营村	省级规划示范村/传统村落
	5	李家寨村	传统村落
	6	罗色湾村	省级规划示范村/传统村落
	7	冒合村	传统村落
	8	松村	传统村落
	9	太岳村	传统村落
	10	小瑞城村	省级规划示范村/传统村落
	11	岳家湾村	传统村落
宝秀镇	12	宝秀古村	传统村落
	13	小冲村	传统村落
	14	张本寨村	传统村落
	15	郑营村	省级规划示范村/传统村落
	16	吴营村	传统村落
坝心镇	17	白浪村	传统村落
	18	关上村	传统村落
	19	龙港村	省级规划示范村/传统村落
	20	小高田村	传统村落
	21	苏家寨村	传统村落
	22	新街村	传统村落
	23	大过细村	省级规划示范村
	24	坝心村	省级规划示范村

4.1.5 旅游服务设施现状

根据异龙湖流域各乡镇提供的资料及现场调查情况，异龙湖流域 2018 年共有餐饮服务场所 209 家，其中异龙镇所占比重最大，有 124 家，占 59%，宝秀镇有 79 家，坝心镇有 6 家；住宿业服务场所 61 家，其中异龙镇所占比重最大，有 51 家，占 83%；宝秀镇有 6 家，坝心镇有 4 家；医院 14 家，异龙镇有 12 家，宝秀镇和异龙镇各有 1 家。各服务场所具体分布情况见表 4-4。

表 4-4 异龙湖流域城镇服务业场所分布情况 单位：家

行业	异龙镇			宝秀镇			坝心镇			合计
	大型	中型	小型	大型	中型	小型	大型	中型	小型	
餐饮业	—	28	96	—	—	79	—	4	2	209
住宿业	—	30	21	—	—	6	—	2	2	61
医院	1	1	12	—	—	1	—	—	1	14

4.2 旅游接待状况

根据石屏县旅游局统计数据，2019 年石屏县接待国内外旅游人数 376.068 2 万人次，全年旅游业总收入达到 57.12 亿元，与 2018 年相比分别增长了 22.007%和 32.93%。2018 年石屏县全县接待国内外旅游人数 308.074 万人次，全年旅游业总收入达到 42.97 亿元，与 2017 年相比分别增长了 14.24%和 36.17%，全县旅游业总体处于增长趋势。具体指标完成情况见表 4-5。

表 4-5 石屏县 2017—2019 年各项旅游指标完成情况

年份	接待国外旅游者人数/人次	外汇收入/万美元	接待国内旅游者人数/万人次	国内旅游收入/万元	接待国内外旅游者人数/万人次	全年旅游业总收入/万元
2017	1 178	112.3	269.54	314 864.69	269.657 8	315 622.68
2018	1 340	146.22	307.94	428 771.88	308.074	429 739.86
2019	1 516	191.087 5	375.916 6	569 917.193 7	376.068 2	571 237.608 6

4.3 旅游业发展规划

1. 旅游发展战略

以异龙湖流域旅游服务为核心，推进生态环境建设、高原特色产业与旅游产业融合发展，推进“历史文化旅游”“湿地生态体验”“康养度假旅游”“乡村休闲旅游”等特色旅游产业建设，构建“一圈、一带、两廊、一城、两镇、多点”的高原湖泊生态文明建设与特色文化旅游综合示范区（表 4-6、附图 4-3）。

表 4-6 异龙湖流域旅游业发展规划表

名称	内容	发展方向
“一圈”	环湖生态旅游圈	高原湖泊生态文明建设示范区
“一带”	高原湖滨田园健康生活带	“绿色观光区-特色旅游线-湖滨传统民居群”点线布局
“两廊”	城河、米轨	沿河生态农业种植条带、绿色休闲观光走廊带；花海米轨文化观光旅游路线
“一城”	石屏县城	石屏历史文化古镇、县城游客集散中心
“两镇”	坝心镇、宝秀镇	坝心湖滨特色小镇、宝秀历史文化小镇
“多点”	旅游名村和特色旅游村	打造湖滨特色民宿群，适度发展特色乡村旅游

注：载自《异龙湖保护治理规划（2018—2035 年）》。

2. 旅游发展体系规划

（1）“一圈”：环湖生态旅游圈

树立“绿水青山就是金山银山”的理念，按照生态保护红线划定和一级保护区要求，采取最严格的保护措施，构建健康优良的湖泊和湖滨生态系统，结合环湖湿地打造环湖生态圈，建设最美湖泊。

（2）“一带”：高原湖滨田园健康生活带

按照“绿色观光区—特色旅游线—湖滨传统民居群”的点线布局，打造高原湖滨田园健康生活带；结合环湖湿地、“两湖”高原特色生态观光农业区，打造异龙湖绿色休闲观光区；结合环湖国际马拉松绿道、火车米轨建设，以及沿途乡土田园风光建设，打造特色观光旅游线路；结合湖周小瑞城村、龙港村等传统村落保护，打造湖滨传统民居群，适度发展体验式民宿客栈。

环湖健康绿道：结合环湖国际马拉松赛道的建设，开展一系列生态主题活动，如环湖马拉松、环湖自行车赛、异龙湖生态摄影大赛等，扩大异龙湖湖区在生态修复治理和旅游形象推广方面的知名度。

绿色休闲观光区：结合异龙湖环湖湿地、“两湖”高原特色生态观光农业区建设，发展 “滨湖乡村风光”，建设 “特色生态农庄”“康养度假庄园”，打造集乡村田园休闲、湿地生态体验于一体的绿色休闲观光区。

湖滨特色民宿群：在湖周小瑞城村、龙港村等传统村落的传统建筑风貌被有效保护基础上，结合环湖传统村落中的闲置资源，打造湖滨特色民宿群。湖区民宿控制在 1 500 个床位以内，配套相关污染治理设施，严格监管，以保证不造成入湖污染负荷。

（3）“两廊”：城河、米轨

以城河为核心，打造沿河生态农业种植条带和“特色生态农庄”“康养度假庄园”斑块镶嵌的绿色休闲观光走廊带。结合建水—石屏火车米轨的建设，在其途经异龙湖湖区地势相对平缓区段适当建设花海景观，打造花海米轨文化观光旅游路线。

（4）“一城”：石屏县城

在保护石屏古城历史文化传统的前提下，以石屏县城为中心，对古城内的文物保护建筑及价值较高的历史建筑采取修缮的方式进行建筑保护工作，展现良好的古城历史传统风貌，打造以石屏古城古建筑群结合传统文化和食文化为重点的古城文化旅游特色，整体提升旅游品质，打造文化品牌，建设文化浸入式古城体验地；建设县城游客集散中心，提升旅游服务体验。

（5）“两镇”：坝心镇、宝秀镇

以坝心镇、宝秀镇为重点，建设集文化传播、艺术创作、国学研习、生态环境修复等为一体的高原湖滨文化特色小镇，发展小镇特色游览体验，依托于天然资源优势，结合“两湖”高原特色生态观光农业区，重点打造坝心湖滨特色旅游小镇和宝秀郑营屯成文化乡旅大本营。

文化特色：以坝心镇、宝秀镇为重点，依托百年传承的传统建筑语言，建设集文化传播、艺术创作、国学研习、生态环境修复等为一体的高原湖滨文化特色小镇。

旅游特色：发展小镇特色游览体验，包括观光农业、休闲渔业、传统村镇文化旅游、自然风光旅游、度假养生旅游。

生活特色：以康养小镇发展模式为主，依托天然资源优势，打造坝心健康养生小镇。

（6）“多点”：旅游名村和特色旅游村

在湖周小瑞城村、符家营村、龙港村、小高田村等传统村落的传统建筑风貌被有效保护基础上，打造湖滨特色民宿群，适度发展体验式民宿客栈。依托异龙湖环湖文化景观保护与修复，形成异龙湖 18 个景观节点，构成湖景景观游赏廊道。

4.4　旅游业涉及的污染及发展预测

根据石屏县文旅局统计数据，2017 年、2018 年、2019 年石屏县全县接待国内外旅游人数分别约为 270 万人次、308 万人次和 376 万人次。近几年，石屏县旅游业总体处于增长趋势。根据《异龙湖保护治理规划（2018—2035 年）》污染状况章节的分析结果，涉及旅游业现状的污染负荷排放量见表 4-7，入湖量见表 4-8。

表 4-7 旅游业现状污染负荷排放量

污染来源	污水产生量/（t/a）	垃圾产生量/（t/a）	污染负荷排放量/（t/a）			
			COD	TP	TN	NH_3-N
住宿	94 571.31	761.74	46.41	0.64	6.53	4.5
餐饮	158 414.47	35 430.5	839.11	3.07	13.84	5.9
旅游污染	252 985.78	36 192.24	885.52	3.71	20.37	10.4
集镇生活	1 863 975.34	42 148.05	1 949.86	40.31	266.6	137.76
旅游污染/集镇污染	13.6%	85.9%	45.4%	9.2%	7.6%	7.5%

表 4-8 旅游业现状污染入湖量

污染来源	污染负荷/（t/a）			
	COD	TP	TN	NH_3-N
旅游污染排放量	885.52	3.71	20.37	10.4
集镇生活排放量	1 949.86	40.31	266.6	137.76
旅游污染入湖量	88.69	0.15	2.81	1.05
集镇污染入湖量	195.35	1.62	37.03	14.03
旅游污染入湖量/总污染入湖量	2.34%	0.55%	0.75%	1.01%

根据《异龙湖保护治理规划（2018—2035 年）》污染负荷预测章节的分析结果，预测在现有污染治理水平下，2025 年和 2035 年异龙湖流域旅游业的污染负荷排放量，结果见表 4-9 和表 4-10。

表 4-9 2025 年异龙湖流域旅游业污染负荷排放量与入湖量预测结果

污染来源	污染负荷/（t/a）			
	COD	TP	TN	NH_3-N
旅游污染排放量	906.619 6	3.867 383	21.22 499	10.835 6
集镇生活排放量	1 996.32	42.02	277.79	143.53
旅游污染入湖量	92.18	0.155	2.96	1.09
集镇污染入湖量	203.04	1.69	38.89	14.48
旅游污染入湖量/总污染入湖量	2.43%	0.57%	0.79%	1.04%
游客人数对入湖污染贡献量	0.341 407	0.000 574	0.010 963	0.004 037

表 4-10　2035 年异龙湖流域旅游业污染负荷排放量与入湖量预测结果

污染来源	污染负荷/（t/a）			
	COD	TP	TN	NH_3-N
旅游污染排放量	934.86	4.08	22.37	11.42
集镇生活排放量	2 058.51	44.32	292.78	151.26
旅游污染入湖量	96.18	0.163	3.12	1.12
集镇污染入湖量	211.85	1.77	41.01	14.99
旅游污染入湖量/总污染入湖量	2.53%	0.60%	0.83%	1.08%
游客人数对入湖污染贡献量	0.356 222	0.000 604	0.011 556	0.004 148

第 5 章　水环境容量、水资源容量

5.1　水环境承载力研究

5.1.1　水环境容量内涵

1986 年，联合国海洋污染专家小组（The Joint Group of Experts on the Scientific Aspects of Marine Environmental Protection，GESAMP）正式给出了国际上普遍接受的 GESAMP 环境容量（Environmental Capacity，EC）概念：环境容量为环境的特性，是在不造成环境不可承受影响的前提下，环境所能容纳某污染物的能力。GESAMP 环境容量概念蕴含 3 层环境意义：①污染物在环境中存在，只要不超过一定的阈值，就不会对环境造成影响；②在不影响特定生态系统物理学、生态学等功能的前提下，任何环境都只有有限的容纳污染物的容量；③环境容量可以定量化。

湖泊的水环境容量是指在满足规划的水质目标前提下，水体所能容纳的污染物的量或自身调节净化并保持生态平衡的能力。容量的大小与水体特征、水质目标及污染物的特性有关。需要特别说明的是，湖泊的环境容量主要有 2 种定义，一种是环境容纳量，另一种是允许排放量。其中，允许排放量对于管理而言更加实用，是指在保证目标区域水体环境质量的前提下，为使目标区域水质标准控制点处的污染物浓度维持在一定等级国家水质标准，一定时间范围内所允许单一排污单元或流域的最大污染物排放数量。水环境容量的计算一般采用简单的公式推算，即将河流概化为零维或者一维，仅仅根据点源的排入进行分析。零维模型是将整个水体看作简单的容器，不考虑其不同位置的差异性，在此假定基础上，环境容量由 3 部分构成：稀释容量、自净容量及上游来水的附加迁移容量。通过公式推算得知 3 种容量后，进行相加求和即可求出环境容量。另一种较为常用的水环境容量为允许排污量，即考虑污染源负荷及上游来水的浓度，给定下游控制断面的水质标准限值，计算研究区段内所能够排放的最大污染物负荷量。该方法一般仅关注控制断面是否满足水质标准，而把控制断面以上的部分作为牺牲段。该方法的实质是控制功能区段的最终断面，而不考虑功能区段内的水质变化是否超标。也就是说，该方法仅关注了部分达标的情况，当研究区段有多个控制点时就无法推算环境容量。

传统水环境容量核算技术在实际水环境管理中仍存在诸多问题：①水体对污染物的纳污能力是相对水质目标而言的，不同水质目标将导致不同的水环境容量大小；②同一水体的不同空间尺度（任一位置，湖体表层或者全湖平均浓度）在同一时间段上的水环境容量不同，同一空间尺度的水体在不同时间尺度下（瞬时浓度，全年平均浓度或某一时间段内的分位数浓度）的水环境容量也不同；③对于一个特定水体而言，环境容量不是一个绝对量，而是一个相对于决策管理风险和技术经济可行性的变化量。

针对传统水环境容量核算技术的不足，本书充分考虑异龙湖陆域和湖体的水文条件、水质参数和主要净化机制等，利用校准好的异龙湖水动力-水质模型，针对管理部门关注的湖体和水质控制点位，模拟异龙湖在满足湖体水质功能目标下水质达标的负荷削减情景方案，核算水质功能目标条件下的水环境容量，为异龙湖水环境管理实现水质达标提供科学定量的决策支持。

5.1.2　水环境容量研究技术路线

异龙湖水环境容量核算将通过构建异龙湖水环境模型体系进行科学定量地核算。技术路线如附图 5-1 所示。

水环境容量的计算有着严格的程序，当管理部门确定了异龙湖主要污染控制指标和相应的水质功能目标后，通过异龙湖模型体系计算水环境容量的主要过程如下。

一是通过异龙湖流域陆域污染负荷输移模型与湖体三维水动力-水质模型，建立污染源输入与异龙湖水体间的定量响应关系，从而为下一步的陆域负荷输入削减提供科学的因果关联基础；

二是在水质功能目标条件下，模拟异龙湖湖体水质满足功能目标的负荷削减情景方案下，异龙湖的水质变化情况；

三是当削减负荷量达到湖体水质功能目标时，计算得到的入湖负荷量就是异龙湖允许排放的最大污染负荷值。

通过上述过程计算出的水环境容量是基于水质功能目标下的水环境容量，能够指导异龙湖流域今后的水质管理工作，为实现最终的水质功能目标提供科学定量的水质管理决策支持。

5.1.3 异龙湖水动力-水质模型构建与校准

1．异龙湖水动力-水质模型构建

（1）网格划分与地形插值

湖体三维水动力-水质模型（附图 5-2）将湖区划分为了 818 个正交曲线网格。

（2）边界条件及参数设置

构建污染源数值源解析的基础是构建异龙湖水动力模型，为了能够精确地解析异龙湖的污染源贡献率，需要算出异龙湖的逐日水文数据，而目前获取到的异龙湖水文数据并不能满足要求，这就需要采用模型工具作为量化工具来进行测试，从而得到相对合理的结果。通过目前获取到的异龙湖补水数据、出流数据、气象及风向风速数据对异龙湖进行水量平衡分析。水动力-水质模型从异龙湖流域模型获取边界条件中的流量和水质边界条件。

2．异龙湖水动力-水质模型校准与分析

（1）水动力模型校准

水动力模型校准结果见附图 5-3。

（2）水质模型校准

异龙湖的水质模型考虑了水体与大气的热交换和与底泥的热传导；营养盐模拟考虑了氮磷污染物进入异龙湖后的迁移转化，水体与底泥间的交换动力学等过程。模拟的水质指标有水温、TN、TP、NH_3-N、COD，水质校准包括 3 个监测点位——湖东、湖西、湖中（附图 5-4）。在本研究中，水质模拟和校准的目的在于通过模型参数的估值实现水质模型的本地化以捕捉异龙湖关键的水质动力学过程。水质模型的校准过程是一个反复迭代的过程，需要不断对其中的关键模型参数进行调整，并对比模型模拟值与水质实测数据。

对于淡水湖泊的水动力模型，水温通常是最重要的校准参数之一，这是因为一个模型如果可以再现观测到的温度，则一般可视为已很好地体现了流体动力学的物理过程和热量平衡。此外，良好的温度校准是合理校准一个水质模型所必须的条件，因为几乎所有的主要水质动力学过程都与温度高低相关。水温校准结果见附图 5-5。显然，该模型准确模拟了水温的季节趋势在时间和空间上的差异性，真实地再现了耦合水动力和热力学过程而形成的湖水自然物理状况，表明开发的异龙湖水动力模型是全湖的可靠数字化表达，为进一步模拟水质营养盐动力学过程奠定了良好的基础。

在完成水动力模型的校准之后可以对异龙湖的水质模型进行校准，湖体中有实测数据的为湖西、湖心（湖中）、湖东 3 个监测点以及 1 个城河入湖口监测点。

NH_3-N：从模拟数据与实测数据的拟合情况来看（附图 5-6），湖东和湖西监测点的模拟结果较好；湖西有部分时刻模拟值偏高，但其整体趋势与监测值一致；湖中模拟值与实测值的拟合度偏低，但总体上比较匹配；城河入湖口的模拟值总体高于实测值，产生这种差异的原因是湖体周围湿地有净化作用，但是湖体周围湿地的净化过程还在进行中，未完全表达，所以造成了水质模拟值与实测值变化趋势的差别。总体来看，构建的异龙湖水动力-水质模型能够模拟 NH_3-N 浓度的变化趋势，取值范围也在实测值范围内。模拟的 NH_3-N 浓度在湖西也会出现大的峰值，鉴于当前监测数据量有限，难以获得准确的率定参数，后续 NH_3-N 率定的重点是对污染源数据的进一步校核，重点改进湖中模拟值的率定。

TN：从模拟数据与实测数据的拟合情况来看（附图 5-7），湖东和湖中监测点的模拟结果较好；湖西有部分时刻模拟值偏高，但总体上比较匹配；城河入湖口的模拟值水平总体高于实测值，与 NH_3-N 一致，产生这种差异的原因是湖体周围湿地有净化作用，但是湖体周围湿地的净化过程还在进行中，未完全表达，所以造成了水质模拟值与实测值变化趋势的差别。

TP：从模拟数据与实测数据的拟合情况来看（附图 5-8），湖东监测点的模拟结果较好；湖中和湖西有部分时刻模拟值偏高，但总体上比较匹配；城河入湖口的模拟值水平总体高于实测值，产生这种差异的原因是湖体周围湿地有净化作用，但是湖体周围湿地的净化过程还在进行中，未完全表达，所以造成了水质模拟值与实测值变化趋势的差别。总体来看，构建的异龙湖水动力-水质模型能够模拟 TP 浓度的变化趋势，取值范围也在实测值范围内，仅在局部时刻存在误差。鉴于当前监测数据量有限，难以获得准确的率定参数，后续 TP 率定的重点是对污染源数据的进一步校核，重点改进峰值时段的模拟值的率定。

COD：从模拟数据与实测数据的拟合情况来看（附图 5-9），湖东、湖西及湖中监测点的模拟结果较好，其整体趋势与监测值一致；城河入湖口的模拟值总体高于实测值，产生这种差异的原因是湖体周围湿地有净化作用，但是湖体周围湿地的净化过程还在进行中，未完全表达，所以造成了水质模拟值与实测值变化趋势的差别。总体来看，构建的异龙湖水动力-水质模型能够模拟 COD 浓度的变化趋势，取值范围也在实测值范围内。后续重点工作是对污染源数据的进一步校核，在水体中表达河口湿地，进一步模拟 COD 浓度。

5.1.4 异龙湖水环境容量研究成果

利用异龙湖三维水动力-水质模型，基于建立的异龙湖流域污染源与湖体水质科学合理的定量响应关联，在湖心考核站点水质指标年均值和全湖考核站点水质指标年均值目标满足地表水Ⅴ类、Ⅳ类、Ⅲ类的条件下，反复计算多方案污染源输入情景，得到各个水质指标的年度水环境容量（表 5-1、表 5-2）。

表 5-1 各个水质指标 2018 年度水环境容量（考核点：湖心） 单位：t/a

水质指标	TN	TP	NH_3-N	COD
水环境容量（Ⅴ类）	394.5	102.2	109.4	3 340.8
水环境容量（Ⅳ类）	264.5	51.2	73.3	2 088.0
水环境容量（Ⅲ类）	150.3	23.2	41.7	949.1

表 5-2 各个水质指标 2018 年度水环境容量（考核点：全湖） 单位：t/a

水质指标	TN	TP	NH_3-N	COD
水环境容量（Ⅴ类）	375.7	85.9	104.2	3 644.6
水环境容量（Ⅳ类）	264.9	41.7	73.4	2 429.7
水环境容量（Ⅲ类）	169.1	19.9	46.9	1 199.7

注：2018 年度水环境容量是在考虑异龙湖 2018 年实际补水 3 000 万 m^3 的情况下计算的。

5.1.5 水环境承载状态评价

以湖心考核点为参照，相对Ⅴ类水质标准，异龙湖流域的 COD 超过了水环境容量，污染负荷削减率为 12%～19%；相对Ⅳ类水质标准，异龙湖流域的 TN、NH_3-N 和 COD 均超过了水环境容量，污染负荷削减率分别为 30%～36%、30%～34%和 45%～49%；相对Ⅲ类水质标准，异龙湖流域的 TN、TP、NH_3-N 和 COD 均超过了水环境容量，污染负荷削减率分别为 60%～64%、15%～22%、60%～63%和 75%～77%（表 5-3）。

表 5-3 异龙湖水环境承载力评价

	TN/（t/a）	污染负荷削减率/%	TP/（t/a）	污染负荷削减率/%	NH_3-N/（t/a）	污染负荷削减率/%	COD/（t/a）	污染负荷削减率/%
水环境容量（Ⅴ类）	394.5	—	102.2	—	109.4	—	3 340.8	—
现状入湖负荷通量	375.5	−5.00	27.3	−274.36	104.2	−4.99	3 796.4	12.00
2020 年入湖通量	382.04	−3.26	27.71	−268.82	105.36	−3.83	3 851.33	13.26
2025 年入湖通量	394.37	−0.03	28.48	−258.85	107.53	−1.74	3 945.63	15.33
2035 年入湖通量	415.86	5.14	29.84	−242.49	111.33	1.73	4 117.11	18.86
水环境容量（Ⅳ类）	264.5	—	51.2	—	73.3	—	2 088	—
现状入湖负荷通量	375.5	29.60	27.3	−87.55	104.2	29.65	3 796.4	45.00
2020 年入湖通量	382.04	30.77	27.71	−84.77	105.36	30.43	3 851.33	45.78
2025 年入湖通量	394.37	32.93	28.48	−79.78	107.53	31.83	3 945.63	47.08

	TN/（t/a）	污染负荷削减率/%	TP/（t/a）	污染负荷削减率/%	NH_3-N/（t/a）	污染负荷削减率/%	COD/（t/a）	污染负荷削减率/%
2035 年入湖通量	415.86	36.40	29.84	−71.58	111.33	34.16	4 117.11	49.28
水环境容量（III类）	150.3	—	23.2	—	41.7	—	949.1	—
现状入湖负荷通量	375.5	59.99	27.3	15.02	104.2	59.98	3 796.4	75.00
2020 年入湖通量	382.04	60.66	27.71	16.28	105.36	60.42	3 851.33	75.36
2025 年入湖通量	394.37	61.89	28.48	18.54	107.53	61.22	3 945.63	75.95
2035 年入湖通量	415.86	63.86	29.84	22.25	111.33	62.54	4 117.11	76.95

5.2　水资源利用预测

5.2.1　耕地需水量预测

石屏县异龙湖流域自然条件优越，适于多种粮食作物和经济作物的生长。目前，异龙湖流域各乡镇作物种植种类基本相同，主要有稻谷、烤烟、玉米、荞麦、豆类、薯类、油菜，以及常年种植的甘蔗、蔬菜、柑橘和杨梅等。《石屏县国民经济和社会发展第十三个五年规划纲要》提出的石屏县发展定位之一就是云南省高原特色现代农业示范县。充分利用石屏县优异的光、热、水、土和交通区位条件，巩固和发挥石屏杨梅、红心火龙果、蓝莓、樱桃等特色林果产业优势；壮大以慈姑、韭菜苔、白萝卜等为主的冬早蔬菜产业。

随着市场经济的发展变化和水利、交通等基础设施的不断改善，异龙湖流域应根据石屏县的农业发展思路和计划，适当调整作物种植结构，进一步提高耕地复种指数，并通过节水、节能和提高单产来提高农业生产效益，发展高原特色现代农业。

石屏县是一个典型的“九分山有余，一分坝不足”的山区县。全县地势北高南峻，西南边缘倾向元江河谷，东北缓、中部平，万亩以上的坝子有石屏坝（含异龙坝和宝秀坝）和亚房子坝。随着经济社会的不断发展，异龙湖流域的城镇化和新型工业化进程进一步加快，交通、水利等各类基础设施稳步推进，生态退耕、农业结构调整等也不断发展，造成耕地减少态势明显。在土地预测过程中，遵循基本农田数量不减少、耕地总面积缓慢减少的原则，既要保障耕地，稳定农业基础，又要保障关系国计民生的重点基础设施用地，尤其是城镇、交通、能源和水利设施用地。

根据预测，异龙湖流域土地利用的总体趋势是土地利用率不断提高，到 2025 年，复种指数将增加至 169.04%，到 2035 年，复种指数将增加至 173.91%（表 5-4）。

表 5-4　异龙湖流域规划水平年农作物种植结构预测

作物类型			2020 年	2025 年	2035 年
大春	稻谷	杂交稻	14.97%	14.77%	14.51%
		中稻和一季晚稻	14.38%	13.65%	12.85%
	玉米		13.57%	12.89%	11.32%
	荞麦		0.43%	0.41%	0.38%
	豆类	大豆	1.31%	1.31%	1.37%
		杂豆	0.53%	0.49%	0.47%
	薯类		5.78%	5.49%	5.17%
	烤烟		5.86%	5.73%	5.75%
小春	小麦		8.58%	9.41%	9.75%
	杂粮		0.48%	0.56%	0.58%
	豆类	大豆	0.21%	0.23%	0.27%
		蚕豆	0.63%	0.60%	0.87%
		杂豆	2.11%	2.20%	2.46%
	薯类		6.28%	7.26%	7.52%
	油菜		3.40%	3.53%	4.28%
常年	甘蔗		3.34%	3.30%	3.15%
	蔬菜		34.71%	36.07%	39.79%
	柑橘		1.70%	1.96%	2.03%
	杨梅		3.44%	3.92%	3.21%
大春			56.82%	54.75%	51.82%
小春			21.68%	23.80%	25.73%
大春+常年			100%	100%	100%
小春+常年			64.86%	69.04%	73.91%
复种指数			164.86%	169.04%	173.91%

异龙湖流域的农作物灌溉定额与现状水平年保持一致，利用各水平年灌溉水利用系数，计算得出规划水平年不同水文年的需水量，结果见表 5-5。由表可知，2020 年，异龙湖流域不同水平年农业灌溉水量分别为 5 287.23 万 m^3（P =50%）、5 846.22 万 m^3（P = 75%）和 6 695.50 万 m^3（P = 90%）；2025 年，异龙湖流域不同水平年的农业灌溉水量分别为 5 310.54 万 m^3（P =50%）和 5 873.61 万 m^3（P =75%）、6 725.13 万 m^3（P =90%）；2035 年，异龙湖流域不同水平年的农业灌溉水量分别为 5 272.69 万 m^3（P =50%）、5 832.17 万 m^3（P =75%）和 6 678.91 万 m^3（P =90%）。

石屏县交通便利，现已基本形成重要蔬菜基地、杨梅基地等经济作物种植基地。结合当地水资源短缺现状，未来将根据流域内各地的特点，因地制宜调整农业种植结构。在严重缺水地区，严格限制种植高耗水农作物，鼓励种植耗水少、附加值高的农作物。在不具备常规灌溉条件的地区，可利用当地水窖、水池、坝塘等多种手段积蓄雨水，以发展非常规旱作季节灌溉。

表 5-5 异龙湖流域规划水平年不同水文年的耕地（毛）需水量预测结果 单位：万 m^3

作物类型			2020 年			2025 年			2035 年		
			P=50%	P=75%	P=90%	P=50%	P=75%	P=90%	P=50%	P=75%	P=90%
大春	稻谷	杂交稻	1 137.53	1 305.84	1 454.10	1 116.03	1 281.16	1 426.61	1 065.10	1 222.69	1 361.51
		中稻和一季晚稻	823.44	864.48	1 016.50	777.54	816.30	959.84	711.01	746.45	877.71
	玉米		353.99	394.65	456.84	334.24	372.63	431.35	285.03	317.77	367.84
	荞麦		7.19	7.95	8.71	6.79	7.51	8.22	6.21	6.87	7.52
	豆类	大豆	19.58	24.19	28.80	19.57	24.18	28.78	19.82	24.49	29.15
		杂豆	7.94	9.80	11.67	7.34	9.06	10.79	6.74	8.33	9.91
	薯类		76.36	84.00	96.72	72.11	79.32	91.33	65.94	72.53	83.52
	烤烟		139.44	154.93	180.76	135.64	150.71	175.83	132.06	146.74	171.19
小春	小麦		310.07	351.66	393.26	338.01	383.35	428.69	340.02	385.63	431.25
	杂粮		9.40	10.26	11.11	10.82	11.80	12.78	10.88	11.87	12.86
	豆类	大豆	3.43	3.80	4.52	3.87	4.28	5.09	4.42	4.89	5.82
		蚕豆	21.58	23.24	25.45	20.38	21.95	24.04	28.82	31.03	33.99
		杂豆	33.41	38.97	46.40	34.76	40.55	48.28	37.66	43.93	52.30
	薯类		82.96	91.26	105.08	95.43	104.98	120.88	96.00	105.60	121.60
	油菜		134.64	148.10	182.51	139.13	153.04	188.59	163.97	180.37	222.27
常年	甘蔗		226.45	247.03	285.27	222.48	242.70	280.26	206.59	225.37	260.24
	蔬菜		1 773.84	1 948.16	2 232.59	1 832.97	2 013.10	2 307.01	1 963.89	2 156.90	2 471.80
	柑橘		59.35	65.20	73.44	67.94	74.63	84.06	68.34	75.07	84.56
	杨梅		66.63	72.68	81.77	75.51	82.37	92.67	60.18	65.65	73.86
合计			5 287.23	5 846.22	6 695.50	5 310.54	5 873.61	6 725.13	5 272.69	5 832.17	6 678.91

5.2.2 工业生产需水量预测

根据《云南省石屏县节水型社会建设“十三五”规划》，2017 年石屏县万元工业增加值用水量为 72.9 m^3/万元，异龙湖流域万元工业增加值用水量参考值为 72.9 m^3/万元。异龙湖流域规划水平年的工业需水预测结果见表 5-6。

表 5-6　异龙湖流域规划水平年的工业需水预测结果

序号	乡镇	企业数量/家	行业类别	生产规模/（t/a）			用水规模/（m^3/t）			净需水量/万 m^3			毛需水量/万 m^3		
				2020 年	2025 年	2035 年	2020 年	2025 年	2035 年	2020 年	2025 年	2035 年	2020 年	2025 年	2035 年
1	异龙镇	1	制糖业	8 858.02	9 920.98	11 161.11	3.5	3.5	3.5	27.48	27.73	27.86	31.61	30.50	30.64
2		1	蔬菜加工	166.50	186.48	209.79	30	30	30	0.50	0.56	0.63	0.57	0.62	0.69
3		1	肉制品及副产品加工	610.50	683.76	769.23	35	35	35	2.14	2.39	2.69	2.46	2.63	2.96
4		1	牲畜屠宰	6 847.04	7 668.68	8 627.26	7.5	7.5	7.5	3.67	3.71	3.72	4.23	4.08	4.10
5		41	豆制品	13 555.32	15 181.96	17 079.70	15	15	15	323.53	362.36	407.65	372.06	398.59	448.41
小计		45	—	—	—	—	—	—	—	54.13	57.16	60.52	62.25	62.88	66.57
1	坝心镇	1	白酒制造	33.30	37.30	41.96	30	30	30	0.10	0.11	0.13	0.11	0.12	0.14
2		1	水果和坚果加工	8 880.00	9 945.60	11 188.80	30	30	30	26.64	29.84	33.57	30.64	32.82	36.92
小计		2	—	—	—	—	—	—	—	26.74	29.95	33.69	30.75	32.94	37.06
合计		47	—	—	—	—	—	—	—	464.93	513.81	570.46	534.68	565.18	627.49

根据《石屏县实行最严格水资源管理制度的实施意见》，到 2020 年，万元工业增加值用水量将降低到 60 m^3 以下。在“工业节水潜力”方面，工业需水定额为 65.3 m^3/万元，2020 年将为 58.5 m^3/万元。考虑节水型社会的建设和工业企业节水技术改造等一系列措施实施后，万元工作增加值用水量将会不断降低，预测到 2025 年，万元工业增加值用水量将为 55 m^3/万元，到 2035 年，万元工业增加值用水量将为 50 m^3/万元。

参照《石屏县 2016 年统计公报》，本书对异龙湖流域内地区生产总值 2015—2035 年的年均增长率按 10.6%考虑，2015—2020 年的工业增长率按 11%考虑，2020—2025 年的工业增长率按 12%考虑，2025—2035 年的工业增长率按 12.5%考虑。在计算工业用水毛需水量时，2015—2020 年的工业用水管网漏损率按 15%考虑，2020—2035 年的工业用水管网漏损率按 10%考虑。

石屏县已经出台有关取水许可范围的非居民用水实施超计划超定额累进加价制度的文件，以提高水资源利用效率。

5.2.3 城镇生活需水量预测

城镇生活需水定额采用人均日用水量方法进行预测。根据经济社会发展水平、城镇规模、人均收入水平、水价水平、节水器具推广与普及情况，结合气候条件、生活用水习惯、石屏县异龙湖片区的城镇分布和用水特点进行预测。

异龙湖流域的城镇人口按照人口预测结果，城镇生活用水定额取 120 L/（人·d）。在城镇居民生活用水节水方面，异龙湖流域将通过实施城乡供水管网延伸、改造和节水器具推广，减少管网漏损率，提高水资源利用效率。

根据上述异龙湖流域规划水平年发展预测结果，结合拟定的用水定额，计算得出异龙湖流域城镇居民生活需水量（表 5-7）。由表可知，2020 年，异龙湖流域的城镇生活净需水量为 143.90 万 m^3，其中异龙镇为 105.80 万 m^3，宝秀镇为 23.24 万 m^3，坝心镇为 14.86 万 m^3。考虑 15%的管网漏损后，异龙湖流域 2020 年的城镇生活毛需水量为 165.49 万 m^3，其中异龙镇为 121.67 万 m^3，宝秀镇为 26.73 万 m^3，坝心镇为 17.09 万 m^3。2025 年，异龙湖流域的城镇生活净需水量为 148.29 万 m^3，其中异龙镇为 109.03 万 m^3，宝秀镇为 23.95 万 m^3，坝心镇为 15.31 万 m^3。考虑 10%的管网漏损后，异龙湖流域 2025 年的城镇生活毛需水量为 163.20 万 m^3，其中异龙镇为 119.93 万 m^3，宝秀镇为 26.34 万 m^3，坝心镇为 16.84 万 m^3。2035 年，异龙湖流域的城镇生活净需水量为 157.45 万 m^3，其中异龙镇为 115.77 万 m^3，宝秀镇为 25.43 万 m^3，坝心镇为 16.25 万 m^3。考虑 10%的管网漏损后，异龙湖流域 2035 年的城镇生活毛需水量为 173.20 万 m^3，其中异龙镇为 127.35 万 m^3，宝秀镇为 27.97 万 m^3，坝心镇为 17.88 万 m^3。

表 5-7 异龙湖流域城镇居民生活需水量预测结果

片区	水平年	城镇人口数/万人	城镇生活用水定额/[L/（人·d）]	净需水量/万 m^3	管网漏损率/%	毛需水量/万 m^3
异龙镇	2020 年	2.415 6	120	105.80	15	121.67
	2025 年	2.489 2	120	109.03	10	119.93
	2035 年	2.643 2	120	115.77	10	127.35
宝秀镇	2020 年	0.530 6	120	23.24	15	26.73
	2025 年	0.546 7	120	23.95	10	26.34
	2035 年	0.580 6	120	25.43	10	27.97
坝心镇	2020 年	0.339 2	120	14.86	15	17.09
	2025 年	0.349 5	120	15.31	10	16.84
	2035 年	0.371 1	120	16.25	10	17.88
异龙湖流域	2020 年	3.285 4	—	143.90	—	165.49
	2025 年	3.385 4	—	148.29	—	163.11
	2035 年	3.594 9	—	157.45	—	173.20

5.2.4 城镇综合服务业需水量预测

异龙湖流域城镇综合服务业包括住宿业、餐饮业、美容业、理发业和医院，在各规划水平年城镇综合服务业需水量预测中，各个行业的接待能力呈现缓慢平稳的增长比例，各行业用水定额与现状水平年相同。

1. 住宿业

用水定额按 120 L/人次，2020 年接待规模按 1 613 人次/d，2025 年接待规模按 1 689 人次/d，2035 年接待规模按 1 794 人次/d 计算住宿业需水量（表 5-8）。由表可知，2020 年，异龙湖流域的住宿业需水量为 15.14 万 m^3，其中异龙镇为 13.46 万 m^3，宝秀镇为 0.8 万 m^3，坝心镇为 0.88 万 m^3。2025 年，异龙湖流域的住宿业需水量为 15.78 万 m^3，其中异龙镇为 14.05 万 m^3，宝秀镇为 0.82 万 m^3，坝心镇为 0.91 万 m^3。2035 年，异龙湖流域的住宿业需水量为 16.69 万 m^3，其中异龙镇为 14.92 万 m^3，宝秀镇为 0.84 万 m^3，坝心镇为 0.93 万 m^3。

表 5-8 异龙湖流域住宿业需水量预测结果

乡镇	水平年	宾馆数量/间	接待规模/（人次/d）	床位数/张	用水规模/（L/人次）	需水量/万 m^3
异龙镇	2020 年	51	1 515	3 072	120	13.46
	2025 年	53	1 588	3 209	120	14.05
	2035 年	57	1 686	3 407	120	14.92

乡镇	水平年	宾馆数量/间	接待规模/（人次/d）	床位数/张	用水规模/（L/人次）	需水量/万 m^3
宝秀镇	2020 年	7	47	182	120	0.80
	2025 年	9	47	188	120	0.82
	2035 年	10	51	192	120	0.84
坝心镇	2020 年	5	51	200	120	0.88
	2025 年	6	54	200	120	0.91
	2035 年	7	57	213	120	0.93
异龙湖流域	2020 年	63	1 613	3 454	120	15.14
	2025 年	68	1 689	3 590	120	15.78
	2035 年	74	1 794	3 812	120	16.69

2. 餐饮业

2020 年，异龙湖流域内的餐饮业用水规模为 30 L/人次，2025 年的用水规模为 35 L/人次，2035 年的用水规模为 37 L/人次，根据餐饮店接待能力，计算餐饮业需水量（表 5-9）。由表可知，2020 年，异龙湖流域的餐饮业需水量为 12.76 万 m^3，其中异龙镇为 8.95 万 m^3，宝秀镇为 2.57 万 m^3，坝心镇为 1.24 万 m^3。2025 年，异龙湖流域的餐饮业需水量为 15.60 万 m^3，其中异龙镇为 10.94 万 m^3，宝秀镇为 3.15 万 m^3，坝心镇为 1.51 万 m^3。2035 年，异龙湖流域餐饮业的需水量为 17.52 万 m^3，其中异龙镇为 12.28 万 m^3，宝秀镇为 3.54 万 m^3，坝心镇为 1.70 万 m^3。

表 5-9　异龙湖流域餐饮业需水量预测结果

乡镇	水平年	餐饮店数量/家	接待能力/（人/a）	接待人数/（人/d）	用水规模/（L/人次）	需水量/万 m^3
异龙镇	2020 年	124	39 110 201	8 170	30	8.95
	2025 年	130	40 989 419	8 563	35	10.94
	2035 年	138	43 525 005	9 093	37	12.28
宝秀镇	2020 年	79	858 269	2 351	30	2.57
	2025 年	83	900 313	2 467	35	3.15
	2035 年	88	956 015	2 619	37	3.54
坝心镇	2020 年	6	412 274	1 130	30	1.24
	2025 年	7	432 470	1 186	35	1.51
	2035 年	8	459 228	1 259	37	1.70
异龙湖流域	2020 年	209	40 380 744	11 652	30	12.76
	2025 年	220	42 322 202	12 215	35	15.60
	2035 年	234	44 940 248	12 971	37	17.52

3．美容业

现状水平年，异龙湖流域的美容业主要集中在异龙镇，共计 48 家。未来，美容业在宝秀镇和坝心镇也会逐渐增加。根据表 5-10，2020 年，异龙湖流域的美容业需水量为 0.37 万 m^3，其中异龙镇为 0.36 万 m^3，宝秀镇为 0.007 万 m^3，坝心镇为 0.007 万 m^3。2025 年，异龙湖流域的美容业需水量为 0.40 万 m^3，其中异龙镇为 0.37 万 m^3，宝秀镇为 0.015 万 m^3，坝心镇为 0.015 万 m^3。2035 年，异龙湖流域的美容业需水量为 0.45 万 m^3，其中异龙镇为 0.40 万 m^3，宝秀镇为 0.03 万 m^3，坝心镇为 0.022 万 m^3。

表 5-10　异龙湖流域美容业需水量预测结果

乡镇	水平年	美容店数量/家	接待能力/（人/a）	接待人数/（人次/d）	用水规模/（L/人次）	需水量/万 m^3
异龙镇	2020 年	48	78 384	244	40	0.36
	2025 年	50	82 150	256	40	0.37
	2035 年	53	87 232	272	40	0.40
宝秀镇	2020 年	1	1 633	5	40	0.007
	2025 年	2	3 265	10	40	0.015
	2035 年	4	6 531	20	40	0.03
坝心镇	2020 年	1	1 633	5	40	0.007
	2025 年	2	3 265	10	40	0.015
	2035 年	3	4 898	15	40	0.022
异龙湖流域	2020 年	50	81 650	254	120	0.37
	2025 年	54	88 681	276	120	0.40
	2035 年	60	98 661	307	120	0.45

4．理发业

根据预测，2020 年，异龙湖流域理发业需水量为 0.53 万 m^3，其中异龙镇为 0.45 万 m^3，宝秀镇为 0.02 万 m^3，坝心镇为 0.06 万 m^3。2025 年，异龙湖流域理发业需水量为 0.55 万 m^3，其中异龙镇为 0.47 万 m^3，宝秀镇为 0.02 万 m^3，坝心镇为 0.06 万 m^3。2035 年，异龙湖流域理发业需水量为 0.59 万 m^3，其中异龙镇为 0.50 万 m^3，宝秀镇为 0.02 万 m^3，坝心镇为 0.07 万 m^3。

5．医院

在异龙湖流域内，异龙镇的医院均为大型综合性医院，人均用水规模取 150 L/人次，宝秀镇和坝心镇的医院均为小型的社区卫生服务站，人均用水量较少，故取 2020 年用水规模为 20 L/人次，2025 年用水规模为 25 L/人次，2035 年用水规模为 30 L/人次。根据住院人数和用水规模预测出的医院需水量见表 5-11。由表可知，2020 年，异龙湖流域的医院需水量为 6.39 万 m^3，其中异龙镇为 6.30 万 m^3，宝秀镇为 0.05 万 m^3，坝心镇为 0.04 万 m^3。2025 年，异龙湖流域的医院需水量为 6.69 万 m^3，其中异龙镇为 6.60 万 m^3，宝秀镇为 0.05 万 m^3，坝心镇为 0.04 万 m^3。2035 年，异龙湖流域的医院需水量为 7.11 万 m^3，其中异龙镇为 7.01 万 m^3，宝秀镇为 0.06 万 m^3，坝心镇为 0.04 万 m^3。

表 5-11　异龙湖流域医院需水量预测结果

乡镇	水平年	医院数量/家	床位数/张	住院人数/（人次/d）	用水规模/（L/人次）	需水量/万 m^3
异龙镇	2020 年	12	1 170	665	150	6.30
	2025 年	13	1 226	697	150	6.60
	2035 年	13	1 302	740	150	7.01
宝秀镇	2020 年	1	85	9	20	0.05
	2025 年	1	89	9	25	0.05
	2035 年	2	95	10	30	0.06
坝心镇	2020 年	1	79	8	20	0.04
	2025 年	1	83	8	25	0.04
	2035 年	2	88	9	30	0.04
异龙湖流域	2020 年	14	1 334	682	—	6.39
	2025 年	15	1 399	715	—	6.69
	2035 年	17	1 485	759	—	7.11

6. 城镇综合服务业需水量汇总

汇总流域内住宿业、餐饮业、美容业、理发业和医院的需水量，计算得出流域内城镇综合服务业需水量，见表 5-12。

表 5-12　异龙湖流域城镇综合服务业需水量预测结果　　单位：万 m^3

片区	水平年	需水量					
		住宿业	餐饮业	美容业	理发业	医院	合计
异龙镇	2020 年	13.46	8.95	0.36	0.45	6.30	29.52
	2025 年	14.05	10.94	0.37	0.47	6.60	32.43
	2035 年	14.92	12.28	0.40	0.50	7.01	35.11
宝秀镇	2020 年	0.80	2.57	0.01	0.02	0.05	3.45
	2025 年	0.82	3.15	0.01	0.02	0.05	4.05
	2035 年	0.84	3.54	0.03	0.02	0.06	4.49
坝心镇	2020 年	0.88	1.24	0.01	0.06	0.04	2.23
	2025 年	0.91	1.51	0.01	0.06	0.04	2.53
	2035 年	0.93	1.70	0.02	0.07	0.04	2.76

片区	水平年	需水量					
		住宿业	餐饮业	美容业	理发业	医院	合计
异龙湖流域	2020 年	15.13	12.76	0.37	0.53	6.39	35.18
	2025 年	15.79	15.60	0.40	0.56	6.70	39.05
	2035 年	16.69	17.52	0.45	0.59	7.11	42.36

2020 年，异龙湖流域城镇综合服务业需水量为 35.18 万 m^3，其中异龙镇为 29.51 万 m^3，宝秀镇为 3.45 万 m^3，坝心镇为 2.22 万 m^3。2025 年，异龙湖流域城镇综合服务业需水量为 39.05 万 m^3，其中异龙镇为 32.44 万 m^3，宝秀镇为 4.06 万 m^3，坝心镇为 2.55 万 m^3。2035 年，异龙湖流域城镇综合服务业需水量为 42.36 万 m^3，其中异龙镇为 35.11 万 m^3，宝秀镇为 4.48 万 m^3，坝心镇为 2.77 万 m^3。

5.2.5 农村居民生活需水量预测

根据石屏县农村安全饮水办公室提供的农村饮水供水情况统计表（2018 年），异龙湖流域的异龙镇、宝秀镇和坝心镇农村人口供水水量为 40～80 L/（人·d），平均值为 60 L/（人·d）。2020 年，异龙湖流域的异龙镇、宝秀镇和坝心镇农村人口供水水量取 40～80 L/（人·d），2025—2035 年，异龙湖流域的异龙镇、宝秀镇和坝心镇农村人口供水水量取 60～100 L/（人·d）。

异龙湖流域农村居民生活需水量预测结果见表 5-13。由表可知，2020 年，异龙湖流域农村居民生活净需水量为 291.53 万 m^3，考虑 15%的管网漏损后，异龙湖流域农村居民生活毛需水量为 335.26 万 m^3。2025 年，异龙湖流域农村居民生活净需水量为 342.75 万 m^3，考虑 10%的管网漏损后，异龙湖流域农村居民生活毛需水量为 377.03 万 m^3。2035 年，异龙湖流域农村居民生活净需水量为 408.91 万 m^3，考虑 10%的管网漏损后，异龙湖流域农村居民生活毛需水量为 449.81 万 m^3。

表 5-13 异龙湖流域农村居民生活需水量预测结果

片区	水平年	农村人口数/万人	农村生活用水定额/[L/（人·d）]	农村生活净需水量/万 m^3	管网漏损率/%	农村生活毛需水量/万 m^3
异龙镇	2020 年	6.162 4	80	179.94	15	206.93
	2025 年	6.350 2	90	208.60	10	229.46
	2035 年	6.742 9	100	246.12	10	270.73
宝秀镇	2020 年	2.989 2	60	65.46	15	75.28
	2025 年	3.080 3	70	78.70	10	86.57
	2035 年	3.270 8	80	95.51	10	105.06

片区	水平年	农村人口数/万人	农村生活用水定额/[L/（人·d）]	农村生活净需水量/万 m³	管网漏损率/%	农村生活毛需水量/万 m³
坝心镇	2020 年	2.106 1	60	46.12	15	53.04
	2025 年	2.170 2	70	55.45	10	60.99
	2035 年	2.304 5	80	67.29	10	74.02
异龙湖流域	2020 年	11.257 7	—	291.53	15	335.26
	2025 年	11.600 7	—	342.75	10	377.03
	2035 年	12.318 2	—	408.91	10	449.81

5.2.6　畜牧业需水量预测

异龙湖流域内散养养殖有鸡、猪、牛和羊，根据云南省地方标准《用水定额》，结合现场调查情况，异龙湖流域散养猪、牛、羊和家禽用水定额分别为 15 L/（头·d）、45 L/（头·d）、6 L/（只·d）和 0.5 L/（只·d）。异龙湖流域规模化畜禽养殖的年增长率按−5.0%逐年减少，由此预测异龙湖流域散养畜禽养殖需水定额结果见表 5-14。由表可知，2025 年，异龙湖流域散养畜禽养殖需水量为 74.61 万 m³，其中异龙镇为 25.27 万 m³，宝秀镇为 6.15 万 m³，坝心镇为 43.19 万 m³。2035 年，异龙湖流域散养畜禽养殖需水量为 44.67 万 m³，其中异龙镇为 15.13 万 m³，宝秀镇为 3.68 万 m³，坝心镇为 25.86 万 m³。

表 5-14　异龙湖流域散养畜禽养殖需水定额预测结果

片区	水平年	猪/头	牛/头	羊/只	家禽/只	散养猪需水量/万 m³	散养牛需水量/万 m³	散养羊需水量/万 m³	散养家禽需水量/万 m³	合计/万 m³
异龙镇	现状年	53 558	3 925	1 721	106 524	29.32	6.45	0.38	1.94	38.09
	2025 年	35 531	2 604	1 142	70 670	19.45	4.28	0.25	1.29	25.27
	2035 年	21 274	1 559	684	42 313	11.65	2.56	0.15	0.77	15.13
宝秀镇	现状年	15 154	105	555	37 176	8.30	0.17	0.12	0.68	9.27
	2025 年	10 053	70	368	24 663	5.50	0.11	0.08	0.45	6.15
	2035 年	6019	42	220	14 767	3.30	0.07	0.05	0.27	3.68
坝心镇	现状年	107 920	97	157	319 022	59.09	0.16	0.03	5.82	65.1
	2025 年	71 596	64	104	211 646	39.20	0.11	0.02	3.86	43.19
	2035 年	42 867	39	62	126 720	23.47	0.06	0.01	2.31	25.86
异龙湖流域	现状年	176 632	4 127	2 433	462 722	96.71	6.78	0.53	8.44	112.46
	2025 年	117 181	2 738	1 614	306 979	64.16	4.50	0.35	5.60	74.61
	2035 年	70 161	1 639	966	183 800	38.41	2.69	0.21	3.35	44.67

5.2.7 生态需水量预测

1. 湿地需水量

异龙湖流域的陆域生态需水量包括湿地需水量和公共绿地需水量。异龙湖流域的湿地总面积为 241.48 hm^2，现状旱地可调生态用地面积为 223.97 hm^2，现状水浇地可调生态用地面积为 7.98 hm^2，现状水田可调生态用地面积为 86.08 hm^2，现状可调整为生态用地的旱地、水浇地和水田总面积为 318.03 hm^2，这部分土地可以转化为湿地和公共绿地。湿地用水定额按 7 000 m^3/hm^2 计算。异龙湖流域的湿地需水量预测结果见表 5-15。由表可知，2020 年，异龙湖流域的湿地需水量为 187.11 万 m^3，2025 年，异龙湖流域的湿地需水量为 205.19 万 m^3，2035 年，异龙湖流域的湿地需水量为 217.24 万 m^3。

表 5-15 异龙湖流域湿地需水量预测结果 单位：万 m^3

片区	水平年	需水量
异龙湖流域	2020 年	187.11
	2025 年	205.19
	2035 年	217.24

2. 公共绿地需水量

根据预测，异龙湖流域未来人口增长情况为2020年达到14.28万人，2025年达到14.98万人，2035 年达到 15.9 万人。公共绿地用水定额按 2 L/（d·m^2）计算，预测结果见表 5-16。由表可知，2020 年，异龙湖流域公共绿地需水量为 93.82 万 m^3，2025 年，异龙湖流域公共绿地需水量为 95.57 万 m^3，2035 年，异龙湖流域公共绿地需水量为 96.74 万 m^3。异龙湖流域的城市园林绿化要选用节水耐旱型树木、花草，采用喷灌、微灌等节水灌溉方式，加强公园绿地雨水、再生水等非常规水源利用设施建设，严格控制绿化灌溉和景观用水。

表 5-16 异龙湖流域公共绿地需水量预测结果 单位：万 m^3

片区	水平年	需水量
异龙湖流域	2020 年	93.82
	2025 年	95.57
	2035 年	96.74

3. 陆域生态需水量汇总

异龙湖流域陆域生态需水量预测结果见表 5-17。由表可知，2020 年，异龙湖流域的陆域生态需水量为 626.03 万 m^3；2025 年，异龙湖流域的陆域生态需水量为 665.41 万 m^3；

2035 年，异龙湖流域的陆域生态需水量为 691.66 万 m^3。

表 5-17　异龙湖流域陆域生态需水量预测结果　　单位：万 m^3

片区	水平年	需水量
异龙湖流域	2020 年	626.03
	2025 年	665.41
	2035 年	691.66

5.2.8　需水量预测汇总

根据上述分析对异龙湖流域各行业需水量预测结果进行汇总，结果见表 5-18。由表可知，异龙湖流域 2025 年各行业平水年（P=50%）总需水量为 6 830.28 万 m^3，枯水年（P=75%）总需水量为 7 393.35 万 m^3，特枯水年（P=90%）总需水量为 8 244.87 万 m^3。异龙湖流域 2035 年各行业平水年（P=50%）总需水量为 6 924.20 万 m^3，枯水年（P=75%）总需水量为 7 483.68 万 m^3，特枯水年（P=90%）总需水量为 8 330.42 万 m^3。

表 5-18　异龙湖流域各行业需水量预测结果汇总　　单位：万 m^3

水平年	保证率	农业灌溉	工业需水	城镇生活需水	城镇综合服务业需水	农村居民生活需水	畜牧业需水	陆域生态需水	合计
2025 年	P=50%	5 310.54	565.18	163.11	39.05	377.03	74.61	300.76	6 830.28
	P=75%	5 873.61	565.18	163.11	39.05	377.03	74.61	300.76	7 393.35
	P=90%	6 725.13	565.18	163.11	39.05	377.03	74.61	300.76	8 244.87
2035 年	P=50%	5 272.69	627.49	173.20	42.36	449.81	44.67	313.98	6 924.20
	P=75%	5 832.17	627.49	173.20	42.36	449.81	44.67	313.98	7 483.68
	P=90%	6 678.91	627.49	173.20	42.36	449.81	44.67	313.98	8 330.42

5.2.9　需水量预测结果合理性分析

异龙湖流域各行业现状年和规划水平年需水量年均增长率见表 5-19。

从总需水量来看，在枯水年条件下，2020 年的需水量为 6 908.03 万 m^3，2025 年的需水量为 7 511.08 万 m^3，年平均递增率为 0.34%；2035 年的需水量为 7 675.45 万 m^3，年平均递增率为 0.22%。

表 5-19 异龙湖流域需水量预测成果合理性分析表（P =75%）

项目	现状年	2025 年	2035 年
农业灌溉/万 m^3	5 703.31	5 873.61	5 832.17
年均增长率/%	—	0.09	−0.07
工业需水量/万 m^3	291.47	565.18	627.49
年均增长率/%	—	1.12	1.05
城镇生活需水量/万 m^3	148.98	163.11	173.2
年均增长率/%	—	−0.29	0.60
城镇综合服务业需水量/万 m^3	32.95	39.05	42.36
年均增长率/%	—	2.11	0.82
农村居民生活需水量/万 m^3	278.47	377.03	449.81
年均增长率/%	—	2.38	1.78
畜牧业需水量/万 m^3	112.46	74.61	44.67
年均增长率/%	—	0.39	2.09
生态需水量/万 m^3	261.11	300.76	313.98
年均增长率/%	—	1.37	0.43
合计/万 m^3	6 908.03	7 511.08	7 675.45
年均增长率/%	—	0.34	0.22

从农业灌溉需水来看，异龙湖流域 2020 年的农业灌溉需水量为 5 703.31 万 m^3，2025 年的农业灌溉需水量为 5 873.61 万 m^3，年平均增长率为 0.09%；2035 年的农业灌溉需水量为 5 832.17 万 m^3，年平均递减率为 0.07%。随着农业种植结构的调整以及复种指数的增加，2018—2025 年，异龙湖流域的农业灌溉用水量逐渐增加，到 2035 年，随着农业灌溉水利用系数的增加，农业灌溉用水量将逐年下降。

随着社会经济的发展，异龙湖流域内的工业需水量、城镇生活需水量、城镇综合服务业需水量和农村居民生活需水量在 2020—2035 年均保持逐年增加的趋势。

从生态需水来看，异龙湖流域 2020 年的生态需水量为 261.11 万 m^3，2025 年的生态需水量为 300.76 万 m^3，年平均递增率为 1.37%；2035 年的生态需水量为 313.98 万 m^3，年平均递增率为 0.43%。环境保护工程的实施和生态用地面积的增加，导致了异龙湖流域生态需水量的增加。

5.3 水资源承载力

5.3.1 水资源量评价

根据 1952—2013 年异龙湖流域径流还原计算结果（《红河州石屏县异龙湖及相关区域水资源利用规划》）可知，流域多年平均水资源总量为 4 690 万 m^3，人均水资源量为 329 m^3，属于极度缺水地区。2017—2018 年年底，异龙湖流域来自外流域的补水量为 8 042 万 m³，2019 年的外流域补水量为 3 800 万 m³。在补水工程实施后，异龙湖流域多年平均水资源总量约为 8 490 万 m³，人均水资源量为 595 m³，由极度缺水地区好转为重度缺水地区。

5.3.2 水资源开发强度评价

根据《红河州石屏县异龙湖及相关区域水资源利用规划报告》，异龙湖流域的开发利用程度为 49.1%，为强度压力，且已经超过国际公认的水资源开发利用程度 40%的上限，同时，用水量还不含三岔河调水系统供水量，现状就是需要外流域调水解决本流域的严重缺水问题。

5.3.3 水资源利用适宜性评价

补水前，异龙湖流域水资源紧缺和利用方式不合理问题并存，湖泊生态功能退化突出，2011—2015 年为异龙湖生态用水极度缺乏时期，尤其是 2013 年，年均蓄水量仅为 2 410.5 万 m³，其中，2013 年 6 月降至历史最低，蓄水量仅为 1 573 万 m³（附图 5-10）。湖泊生态用水量被挤占，不仅无清水入湖，而且湖泊提水量约为 1 000 万 m³，占流域供水总量的一半，生产用水与湖争水的情况也比较严重，同时加剧了湖泊水质污染的程度。

补水工程实施后，除滇中引水将对异龙湖流域的水资源进行补充外，还将以高冲水库联动北部山区黄草坝水库、阿白冲水库及三岔河引水工程供水，下一步将联动大练庄水库供水，其中北部山区至高冲水库可引调水量不稳定，高冲水库承担县城生活供水和湖泊生态补水的功能，补水水资源的合理分配直接影响湖泊水质改善效果和可支撑的社会经济发展规模。

基于异龙湖流域现状需水结构和供水能力，本书以《异龙湖保护条例》规定的异龙湖维持正常运行水位（1 412.67～1 414.17 m）的蓄水变量为约束，提出湖泊水资源的最小需求量。异龙湖最低正常运行水位为 1 412.67 m，相应蓄水量为 6 880 万 m³；最高正常运行水位为 1 414.17 m，相应蓄水量为 11 600 万 m³，湖泊正常运行所需水量为 4 720 万 m³/a。

河道生态需水量采用泰能特法（Tennant Methods），将全年分为汛期和非汛期两个部分，按照异龙湖还原后的径流量和河道内生态环境功能维持需求，汛期（5—10 月）采用最枯月多年平均径流量的 30%、非汛期（11 月—次年 4 月）采用最枯月多年平均径流量的 10%作为河道生态需水量。根据 1952—2013 年异龙湖流域径流还原计算结果（《红河州石屏县异龙湖及相关区域水资源利用规划》），2018 年异龙湖流域河道生态需水量为 607.8 万 m³（表 5-20）。

表 5-20　异龙湖流域河道生态需水量测算　　单位：万 m³

频率	1月	2月	3月	4月	5月	6月	7月	8月	9月	10月	11月	12月	全年
25%径流	190	155	144	342	402	547	773	1 392	809	337	315	263	5 669
50%径流	142	114	110	223	347	431	682	1 181	605	222	243	199	4 500
75%径流	109	100	65.1	168	202	403	636	1 000	401	131	175	114	3 504
95%径流	73.1	67.1	43.7	113	136	271	427	671	269	88.2	118	76.9	2 353
生态需水量	7.3	6.7	4.4	11.3	40.8	81.3	128.1	201.3	80.7	26.5	11.8	7.7	607.8

异龙湖河湖生态需水量为 5 328 万 m³，流域可利用的水资源总量为保障河湖生态用水的总量（表 5-21），现状可利用水资源量较为缺乏。相对于用水需求，现状缺水状况突出，若不考虑河湖生态用水，平水年尚可基本保障，但在偏枯和特枯水年，缺水率可达 30%～122%；若考虑河湖生态用水，缺水情况加剧，缺水率平均可达 6%～358%，与湖争水的情况不可避免。2025 年缺水状况将得到缓解，但若保障河湖生态需水量，异龙湖流域仍然缺水，缺水率达 17%～77%。2035 年，异龙湖流域将能够在保障河湖生态需水量的同时供给流域生产生活用水。水资源是以水定城，以水定产及以水定人的最大刚性约束。水资源承载力分析表明，目前流域水资源对人口和经济规模增长的限制性较强，不支撑人口的过度扩张，到 2035 年，人口的自然增长将很大程度依赖外流域补水和水资源优化配置来支撑。

表 5-21　异龙湖流域用水总量评价

水平年	频率	可供水量/万 m³	可利用水量（扣减河湖生态用水）/万 m³	需水量（不考虑河湖需水）/万 m³	缺水率/%（考虑河湖生态用水）	缺水率/%（不考虑河湖生态用水）
2020 年	50%	6 876.09	2 376.09	6 827.44	187.34	0.00
	75%	5 117.51	1 613.51	7 386.43	357.79	44.34
	90%	3 702.66	1 349.66	8 235.71	510.21	122.43
2025 年	50%	10 786.49	6 286.49	6 948.01	10.52	0.00
	75%	8 324.04	4 820.04	7 511.08	55.83	0.00
	90%	6 439.94	4 086.94	8 362.6	104.62	29.86
2035 年	50%	16 401.49	11 901.49	7 115.97	0	0
	75%	12 928.34	9 424.34	7 675.45	0	0
	90%	10 370.44	8 017.44	8 522.19	6.30	0

异龙湖流域 2018 年的万元 GDP 用水量为 33 m³，低于全省（87.1 m³/万元 GDP）和全国（66.8 m³/万元 GDP）平均水平。

第 6 章　旅游容量测算

6.1　水环境容量限制下的旅游容量

6.1.1　按现有污染治理水平

目前，异龙湖总体处于Ⅴ类水质状态，主要污染指标为 I_{Mn}、COD 和 TN。以湖心考核点为参照，相对Ⅴ类水质标准，异龙湖流域的 COD 超过水环境容量，污染负荷削减率为 12%～19%；相对Ⅳ类水质标准，异龙湖流域的 TN、NH_3-N、COD 超过了水环境容量，污染负荷削减率分别为 30%～36%、30%～34%、45%～49%；相对Ⅲ类水质标准，异龙湖流域的 TN、TP、NH_3-N、COD 超过了水环境容量，污染负荷削减率分别为 60%～64%、15%～22%、60%～63%、75%～77%。COD 是Ⅲ类水质标准均要求重点削减的污染负荷，其次是 NH_3-N 和 TN，TP 只有在Ⅲ类水质标准要求下，才需要削减。按污染物类型分，入湖主要污染负荷构成中（表 4-8），旅游污染占 COD 入湖污染的 2.34%、占 TP 入湖污染的 0.55%、占 TN 入湖污染的 0.75%、占 NH_3-N 入湖污染的 1.01%。

维持现有的污染治理水平，并将主要污染负荷的水环境容量作为限制因子，对旅游容量进行预测，结果见表 6-1。由表可知，旅游容量按现状污染治理水平已经超过了水环境容量的要求。由于现状旅游污染负荷对入湖污染总量贡献不大，基本上是排在污染源贡献排序的末端，因此，在旅游容量核算中，既考虑了不同污染负荷的平均削减率，也考虑了旅游污染负荷对入湖污染的贡献率，则相对Ⅴ类水质标准，异龙湖流域 2025 年和 2035 年的旅游容量分别为 269.03 万人次/a 和 268.81 万人次/a；相对Ⅳ类水质标准，异龙湖流域 2025 年和 2035 年的旅游容量分别为 267.03 万人次/a 和 266.89 万人次/a；相对Ⅲ类水质标准，异龙湖流域 2025 年和 2035 年的旅游容量分别为 265.2 万人次/a 和 265.14 万人次/a。

表 6-1　现有污染治理水平下旅游容量预测

	TN/（t/a）	污染负荷削减率/%	旅游容量（不考虑入湖比例）/（万人次/a）	旅游容量（考虑入湖比例）/（万人次/a）	TP/（t/a）	污染负荷削减率/%	旅游容量（不考虑入湖比例）/（万人次/a）	旅游容量（考虑入湖比例）/（万人次/a）	NH_3-N/（t/a）	污染负荷削减率/%	旅游容量（不考虑入湖比例）/（万人次/a）	旅游容量（考虑入湖比例）/（万人次/a）	COD/（t/a）	污染负荷削减率/%	旅游容量（不考虑入湖比例）/（万人次/a）	旅游容量（考虑入湖比例）/（万人次/a）
水环境容量（Ⅴ类）	394.5	—	—	—	102.2	—	—	—	109.4	—	—	—	3 340.8	—	—	—
现状入湖负荷通量	375.5	−5	—	—	27.3	−274.36	—	—	104.2	−4.99	—	—	3 796.4	12	237.6	269.24
2025 年入湖通量	394.37	−0.03	—	—	28.48	−258.85	—	—	107.53	−1.74	—	—	3 945.63	15.33	228.609	269.03
2035 年入湖通量	415.86	5.14	256.122	269.90	29.84	−242.49	—	—	111.33	1.73	265.329	269.95	4 117.11	18.86	219.078	268.81
水环境容量（Ⅳ类）	264.5	—	—	—	51.2	—	—	—	73.3	—	—	—	2 088	—	—	—
现状入湖负荷通量	375.5	29.6	190.08	269.40	27.3	−87.55	—	—	104.2	29.65	189.945	269.19	3 796.4	45	148.5	267.16
2025 年入湖通量	394.37	32.93	181.089	269.33	28.48	−79.78	—	—	107.53	31.83	184.059	269.13	3 945.63	47.08	142.884	267.03

	TN/（t/a）	污染负荷削减率/%	旅游容量（不考虑入湖比例）/（万人次/a）	旅游容量（考虑入湖比例）/（万人次/a）	TP/（t/a）	污染负荷削减率/%	旅游容量（不考虑入湖比例）/（万人次/a）	旅游容量（考虑入湖比例）/（万人次/a）	NH_3-N/（t/a）	污染负荷削减率/%	旅游容量（不考虑入湖比例）/（万人次/a）	旅游容量（考虑入湖比例）/（万人次/a）	COD/（t/a）	污染负荷削减率/%	旅游容量（不考虑入湖比例）/（万人次/a）	旅游容量（考虑入湖比例）/（万人次/a）
2035年入湖通量	415.86	36.4	171.72	269.26	29.84	−71.58	—	—	111.33	34.16	177.768	269.07	4 117.11	49.28	136.944	266.89
水环境容量（III类）	150.3	—	—	—	23.2	—	—	—	41.7	—	—	—	949.1	—	—	—
现状入湖负荷通量	375.5	59.99	108.027	268.79	27.3	15.02	229.446	269.78	104.2	59.98	108.054	268.36	3 796.4	75	67.5	265.26
2025年入湖通量	394.37	61.89	102.897	268.75	28.48	18.54	219.942	269.72	107.53	61.22	104.706	268.33	3 945.63	75.95	64.935	265.20
2035年入湖通量	415.86	63.86	97.578	268.71	29.84	22.25	209.925	269.67	111.33	62.54	101.142	268.29	4 117.11	76.95	62.235	265.14

6.1.2 按规划设计污染治理水平

根据《异龙湖保护治理规划（2018—2035 年）》的目标可达性内容，以湖心考核点为参照，相对 2025 年及 2035 年的水质目标，即Ⅳ类、Ⅲ类水质标准，规划工程目标削减量均大于入湖量削减目标，水质目标可达。因此，在规划工程按计划完成的前提下，2025 年和 2035 年的旅游容量与现状相比均可以有所增加（表 6-2）。由表 6-2 可知，异龙湖主要入湖污染负荷的水环境容量（TN、TP、NH_3-N、COD）对应的旅游容量中，仍然是 COD 最小，根据木桶原理法，2025 年和 2035 年的旅游容量在现状基础上分别增加为 134 万人次和 176 万人次。现状 270 万人次的游客量，结合表 6-1 中相应年份的旅游容量，2025 年、2035 年在满足异龙湖流域水环境容量的前提下旅游容量分别为 401 万人次和 441 万人次。

表 6-2 规划污染治理水平下旅游容量预测　　单位：万人次/a

规划目标	参数类别	COD	TP	TN	NH_3-N
现状	270				
2025 年Ⅳ类（COD≤40 mg/L）	预测规划期污染负荷入湖量	3 945.63	28.48	394.37	107.53
	湖泊水环境容量	3 340.8	51.2	264.5	73.3
	入湖量削减目标	604.83	−22.72	129.87	34.23
	规划工程削减入湖量	1 886.51	13.83	250.15	59.12
	规划工程削减旅游污染入湖量	45.84	0.079	1.98	0.615
	对应规划工程削减量新增旅游容量	134	137	180	152
2035 年Ⅲ类（COD≤30 mg/L）	预测规划期污染负荷入湖量	4 117.11	29.84	415.86	111.33
	湖泊水环境容量	2 088	23.2	150.3	41.7
	入湖量削减目标	2 029.11	6.64	265.56	69.63
	规划工程削减入湖量	2 483.25	20.88	338.24	88.8
	规划工程削减旅游污染入湖量	62.83	0.125	2.81	0.959
	对应规划工程削减量新增旅游容量	176	208	243	231

6.2 水资源容量限制下的旅游容量

6.2.1 不考虑流域河湖生态需水量

水资源供需平衡分析是在供水及需水的基础上，分析在不同保证率下来水与需水的协调程度。本次异龙湖流域的水资源供需平衡分析是在不考虑流域河湖生态需水量的情景下，分别分析平水年（P=50%）、枯水年（P=75%）、特枯水年（P=90%）的供水和需水，由此得到流域水资源供需平衡结论（表 6-3）。

表 6-3　异龙湖流域规划水平年水资源供需平衡

水平年	保证率	需水量/万 m³	可供水量/万 m³	富余水量/万 m³	缺水量/万 m³	缺水率/%
现状年	P =50%	6 284.24	6 876.09	48.65	0	0
	P =75%	6 828.75	5 117.51	−2 268.92	2 268.9	30.72
	P =90%	7 657.25	3 702.66	−4 533.05	4 533.1	55.04
2025 年	P =50%	6 830.28	10 786.49	3 838.48	0	0
	P =75%	7 393.35	8 324.04	812.96	0	0
	P =90%	8 244.87	6 439.94	−1 922.66	1 922.7	22.99
2035 年	P =50%	6 924.2	16 401.49	9 285.52	0	0
	P =75%	7 483.68	12 928.34	5 252.89	0	0
	P =90%	8 330.42	10 370.44	1 848.25	0	0

由表 6-3 可知，现状年，当 P =50%时，流域总需水量为 6 284.24 万 m^3，可供水量为 6 876.09 万 m^3，基本实现供需平衡；当 P =75%时，流域总需水量为 6 828.75 万 m^3，可供水量为 5 117.51 万 m^3；当 P =90%时，流域总需水量为 7 657.25 万 m^3，可供水量为 3 702.66 万 m^3。P =75%和 P =90%保证率下流域的可供水量均小于生产生活需水量，处于缺水状态。

随着社会经济的发展，新的水资源工程将会逐步投入资金建设起来，以增加流域供水能力。2022 年将建成的石屏县大练庄水库至赤瑞湖连通工程，平水年（P =50%）可实现每年对异龙湖流域补水 922.4 万 m^3，其中，可对异龙湖补水 900 万 m^3；2023 年将建成的大桥河提水工程（一期）和石屏县马鞍山水库工程（中型），平水年（P =50%）将分别实现对异龙湖年补水 2 000 万 m^3 和 988 万 m^3。到 2025 年，当 P =50%时，流域总需水量将为 6 830.28 万 m^3，可供水量将为 10 786.49 万 m^3；当 P =75%时，流域总需水量将为 7 393.35 万 m^3，可供水量将为 8 324.04 万 m^3；当 P =90%时，流域总需水量将为 8 244.87 万 m^3，可供水量将为 6 439.94 万 m^3。P =50%和 P =75%保证率下，流域的可供水量将均大于生产生活需水量，P =90%保证率下流域缺水率将为 22.99%。

2030 年，大桥河提水工程（二期）和滇中调水工程的开通将可大幅增加异龙湖流域的可供水量，到 2035 年，当 P =50%时，流域总需水量将为 6 924.2 万 m^3，可供水量将为 16 401.49 万 m^3；当 P =75%时，流域总需水量将为 7 483.68 万 m^3，可供水量将为 12 928.34 万 m^3；当 P =90%时，流域总需水量将为 8 330.42 万 m^3，可供水量将为 10 370.44 万 m^3。不同保证率下流域的可供水量将均大于生产生活需水量，流域有足够的水量满足生产生活。

水资源用水分析中的城镇综合服务业需水量主要包括住宿与餐饮，这些与旅游业用水有很大关系，本书以城镇综合服务业需水量作为旅游业用水量计（实际旅游业用水量小于城镇综合服务业需水量），城镇综合服务业需水量在现状总需水量中占比很小（表 6-4）。

表 6-4　城镇综合服务业需水量与总需水量占比预测分析

项目	现状年	2025 年	2035 年
城镇综合服务业需水量/万 m^3	32.95	39.05	42.36
年均增长率/%	—	2.11	0.82
总需水量/万 m^3	6 827	7 511.08	7 675.45
年均增长率/%	—	0.34	0.22
城镇综合服务业需水量/总需水量/%	0.483	0.520	0.552

由表 6-3 可知，2025 年和 2035 年由于实施了补、引水工程，可不考虑生态需水的情况，基于此，再按照《石屏县全域旅游发展规划（2019—2030）》进行旅游规模预测，结果见表 6-5。再以现状 270 万人次的游客量及人均游客用水量为核算基数，预测 2025 年和 2035 年的游客用水量，结果见表 6-6。

表 6-5　石屏县年游客量预测

年份	年游客量/万人次	增长率/%	备注
2014	121.56	11.8	实际统计
2015	146.37	20.41	
2016	202.77	38.44	
2017	270	33	
2018	308	14.2	
2019	376.06	22.1	
2020	322.35	−14.3	
2021	409.95	10	规划预测增长率
2022	450.94	10	
2023	487.02	8	
2024	525.97	8	
2025	568.05	8	
2026	596.46	5	
2027	626.28	5	
2028	657.59	5	
2029	690.47	5	

年份	年游客量/万人次	增长率/%	备注
2030	724.99	5	规划预测增长率
2031	761.24	5	
2032	799.31	5	
2033	839.27	5	
2034	881.24	5	
2035	925.3	5	

表 6-6 不考虑河湖生态需水条件下 2025 年和 2035 年的旅游容量预测

水平年	年游客量/万人次	用水量/（t/a）	游客用水量/总需水量	游客用水量/富余水量	
现状年	270	32.95	0.48%	67.73%	
2025 年	568.05	69.32	0.92%	P =50%	1.81%
				P =75%	8.53%
				P =90%	−3.61%
2035 年	925.3	112.92	1.47%	P =50%	1.22%
				P =75%	2.15%
				P =90%	6.11%

参考《石屏县全域旅游发展规划（2019—2030）》旅游规模预测，对表 6-3～表 6-6 进行分析可知，2025 年和 2035 年，游客将分别达到 568 万人次和 925 万人次；游客用水量将仅占总需水量预测的 0.92%和 1.47%；除特枯年外，游客用水量占富余水量的比例也较小。因此，在不考虑生态需水的情况下，水资源容量限制下的旅游容量均大于本书 6.1 节的研究成果，根据木桶原理法，水资源容量将基本不成为旅游容量的限制因素。

6.2.2 考虑流域河湖生态需水量

异龙湖是云南省九大高原湖泊之一，自 20 世纪 70 年代初以来，由于历史、气候，以及城市化进程加快等多重因素，异龙湖水体已严重富营养化，2009 年以后，异龙湖水质更是急剧恶化为劣Ⅴ类，成为云南九大高原湖泊中 4 个水质长期处于劣Ⅴ类的湖泊之一。异龙湖水污染防治被写入《国务院关于支持云南省加快建设面向西南开放重要桥头堡的意见》（国发〔2011〕11 号），保护好异龙湖是云南省生态文明建设排头兵的标志性工程，对云南省生态文明建设具有示范带动作用。保障异龙湖的生态需水是打赢异龙湖水环境保护攻坚战的重要举措。

根据 1952—2013 年异龙湖流域径流还原计算结果（《红河州石屏县异龙湖及相关区域水资源利用规划》），异龙湖流域多年来一直属于极度缺水地区。仅自 2017 年补水工程实施后，异龙湖流域才由极度缺水地区好转为重度缺水地区。根据《红河州石屏县异龙湖及相关区域水资源利用规划报告》，异龙湖流域开发利用程度为49.1%，为强度压力，且已经超过国际公认的水资源开发利用程度 40%的上限。湖泊生态用水量被挤占，无清水入湖，湖泊提水量约为 1 000 万 m^3，占流域供水总量的一半，生产用水与湖争水的情况比较严重等，加剧了湖泊水质污染的程度。

表 6-7 中的河湖生态需水量是根据《异龙湖流域保护利用总体规划（2018—2035）》关于河湖生态需水量的方法核算的，该方法以《异龙湖保护条例》规定的异龙湖维持正常运行水位（1 412.67～1 414.17 m）的蓄水变量为约束，在保证异龙湖最低正常运行水位（1 412.67 m）的前提下，达到最高正常运行水位（1 414.17 m）时所需要的水量为湖泊水资源的需求量。本节仍然参考《石屏县全域旅游发展规划（2019—2030）》旅游规模预测结果（表 6-2），考虑河湖生态需水条件下不同水文保证率下的缺水率，对异龙湖流域 2025 年和 2035 年的旅游容量进行预测，结果见表 6-8。

表 6-7　考虑河湖生态需水条件下 2025 年和 2035 年缺水状况预测　　单位：万 m^3

水平年	频率	可供水量	河湖生态需水量	可利用水量（扣减河湖生态供水）	需水量（生产生活用水）	富余水量	缺水率/%
现状年	50%	6 876.09	4 500	2 376.09	6 284.24	4 451.35	187.34
	75%	5 117.51	3 504	1 613.51	6 828.75	5 772.92	357.79
	90%	3 702.66	2 353	1 349.66	7 657.25	6 886.05	510.21
2025 年	50%	10 786.5	4 500	6 286.49	6 830.28	661.52	10.52
	75%	8 324.04	3 504	4 820.04	7 393.35	2 691.04	55.83
	90%	6 439.94	2 353	4 086.94	8 244.87	4 275.66	104.62
2035 年	50%	16 401.5	4 500	11 901.5	6 924.2	4 785.52	0
	75%	12 928.3	3 504	9 424.34	7 483.68	1 748.89	0
	90%	10 370.4	2 353	8 017.44	8 330.42	504.75	6.30

表 6-8　考虑河湖生态需水条件下 2025 年和 2035 年旅游容量预测

水平年	旅游规划预测年游客量/万人次	频率	缺水率/%	旅游容量/（万人次均/a）
现状年	270	—	—	—
2025 年	379	P =50%	10.5	508.29
		P =75%	55.8	250.91
		P =90%	104.6	0
2035 年	867	P =50%	0	＞925.30
		P =75%	0	＞925.30
		P =90%	6.3	867.01

异龙湖流域自 2017 年开始实施补水工程后，已由极度缺水地区好转为了重度缺水地区，未来随着补水工程的进一步实施，其缺水状况还会进一步得到改善。根据表 6-7 的预测结果，2025 年，异龙湖流域在不同水文保证率下均存在，一定程度的缺水情况，由于特枯年（P =90%）的缺水率超过了 100%，理论上不存在旅游容量，因此旅游容量取平水年（P =50%）和枯水年（P =70%）两种水文保证率下的均值 379 万人次均/a 为 2025 年的旅游容量。2035 年，平水年（P =50%）和枯水年（P =70%）两种水文保证率下均有富余水量，特枯水年缺水率仅为 6.3%，对应的旅游容量为 867 万人次均/a，因此，对照本书 6.1 节的研究结果，根据木桶原理法，2035 年，水资源容量将基本不成为旅游容量的限制因素。

6.3 旅游资源空间容量

石屏县旅游资源类型丰富，数量众多，大致可以概括为自然旅游资源和人文旅游资源两大类。根据《旅游资源分类、调查与评价》（GB/T 18972—2017）中的旅游资源评价赋分标准，石屏县整体旅游资源级别较高，优质资源较多，优良级以上的旅游资源有 130 个。其中，五级旅游资源 7 个（人文类 6 个，自然类 1 个）；四级资源 17 个（人文类 15 个，自然类 2 个）；三级旅游资源 102 个（人文类 85 个，自然类 17 个）。如此优秀的先天资源禀赋，石屏县旅游业却没有迎来大发展，反而始终处于不温不火的状态，甚至和周边相比，呈现相对冷清的格局，现状旅客也多数以 1 日游为主，旅游资源和业态没有吸引力。根据《石屏县全域旅游发展规划（2019—2030）》，目前石屏县旅游业发展中存在的难题，主要有核心主题缺乏、文化体验单一、资源开发粗浅、旅游配套不足、产业共荣乏力、开发运营零散等问题。根据石屏县文旅局提供的资料，目前的游客主要分布在异龙湖、古城、郑营村 3 个景区。项目组的调查对象也以这 3 个景区为主。景区总面积为 21.129 km^2，其中异龙湖为 17.969 km^2、古城为 0.56 km^2、郑营村为 2.6 km^2。3 个景区又可以细分为来鹤亭、广胤寺、小火车站台、游船中心、文庙古建筑群、袁嘉谷故居、石屏县博物馆、湿地木栈道、郑营村 9 个小景点。

参照《风景名胜区总体规划规范》，依据景区内各景点的地形地貌、游览方式等特征，分别采用面积计算法、游路计算法和卡口计算法测算景区的旅游资源空间容量，由于异龙湖景区主要以散客为主，缺乏每批游客数、两批游客相距时间、日游客批数等数据，所以采用面积计算法、游路计算法测算景区的旅游资源空间容量。

本书在核算过程中，停留天数分别采用了 1 d 和 2 d。1 d 是依据现状的实际情况，2 d 是考虑了石屏县全域旅游未来的发展状况，并参考《石屏县全域旅游发展规划（2019—2030）》，综合考虑确定。

异龙湖旅游资源空间容量见表 6-9。由表可知，异龙湖景区日空间最大旅游容量为 37 702 人/d，根据石屏县文化和旅游局提供的资料，景区可游天数取 365 d，若游客停留时间按 1 d 计，则异龙湖基于旅游资源空间容量的游客最大承载力为 1 376.1 万人/a；若游客停留时间按 2 d 计，则异龙湖基于旅游资源空间容量的游客最大承载力为 688 万人/a。石屏县旅游资源非常丰富，本书仅调查了现有游客主要游玩的景点，若考虑到石屏县全域旅游发展的未来，并参考《石屏县全域旅游发展规划（2019—2030)》，异龙湖景区实际的旅游资源空间容量要比本研究测算的数据大。

表 6-9 异龙湖旅游资源空间容量

计算方法	景点	人均游览面积/m^2	游览面积/m^2	游线长度/km	人均游线长度/m	每批游客人数/人	周转率	旅游容量/（人/d）
面积计算法	来鹤亭	50	522	—	—	—	16	168
	广胤寺	50	417	—	—	—	16	134
	游船中心	50	278	—	—	—	16	89
	小火车站台	50	39	—	—	—	16	13
	文庙古建筑群	50	1 358	—	—	—	16	435
	袁嘉谷故居	50	209				16	67
	石屏县博物馆	50	238				16	76
	郑营村	200	780 000	—	—	—	8	31 200
游路计算法	湿地木栈道	—	—	2.3	10	—	24	5 520
合计		—	—	—	—	—	—	37 702

6.4 社会心理容量

石屏县旅游资源丰富，但旅游资源分布不均衡，以一湖三镇为主的坝区中部资源多，优质资源主要集中分布于中部坝区，以异龙湖、石屏古城、郑营古村等为代表。通过与石屏县文化和旅游局沟通发现，由于异龙湖景区主要以“假日经济”为主，在 113 d 的节假日及休息日当中，游客数量达到了全年游客数量的 2/3～3/4，因此，此次问卷调查选择在周六、周日进行，调研地点以异龙湖、石屏古城、郑营古村为主。

本书根据满意度模型，从个人基本情况和影响异龙湖旅游景区游客满意度各要素两个维度去制订标准问卷，通过发放问卷、收集问卷以及统计分析问卷来反映游客心理容量。2020 年 12 月 5—6 日在异龙湖景区共发放问卷 300 份，全部回收并剔除回答不完整问卷 4 份后，问卷有效率达 99.98%。

6.4.1 人口社会学统计

在居住地方面，云南的受访者最多，详细的居住地统计情况如附图 6-1 所示。

异龙湖旅游景区游客游览特征统计见表 6-10。由表可知，在性别方面，男性受访者多于女性受访者。在年龄方面，受访的中年人最多，其次是青年人，其中，受访的青年人多为放周末的学生，受访的中年人多为带孩子周末出门游玩的家长。在出行时间和出行方式方面，选择在周末自助旅游的游客最多。在游玩次数和停留时间方面，大多数游客都是多次到异龙湖景区游玩，并选择在景区停留 1 d。在回头率方面，多数游客选择如果条件允许有可能再来。

表 6-10 异龙湖旅游景区游客游览特征统计

变量		频数	频率/%
性别	男	164	55.41
	女	132	44.59
年龄层次	青少年	18	6.08
	青年	101	34.12
	中年	123	41.55
	老年	54	18.24
出行时间	法定节假日	39	13.18
	周末	181	61.15
	其他	76	25.68
出行方式	跟团	8	2.70
	自助游	250	84.46
	单位组织	8	2.70
	其他	30	10.14
游玩次数	1 次	71	23.99
	2 次	51	17.23
	3 次	21	7.09
	3 次以上	152	51.35
停留时间	1 d	152	51.35
	2 d	84	28.38
	3 d	20	6.76
	3 d 以上	40	13.51
回头率	一定再来	119	40.20
	有可能再来	176	59.46
	一定不会来	1	0.34

6.4.2 游客满意度分析

通过问卷统计分析得出游客对异龙湖旅游各要素的满意度情况，见表 6-11。

表 6-11 游客对异龙湖旅游各要素的满意度

影响因素	满意程度									
	非常满意		满意		基本满意		不满意		非常不满意	
	频数	频率/%	频数	频率/%	频数	频率/%	频数	频率/%	频数	频率/%
安全设施	78	26.35	183	61.82	33	11.15	1	0.34	1	0.34
标识系统	65	21.96	185	62.50	40	13.51	6	2.03	0	0
停车场	54	18.24	132	44.59	101	34.12	8	2.70	1	0.34
购物设施	49	16.55	88	29.73	128	43.24	28	9.46	3	1.01
餐饮设施	57	19.26	99	33.45	114	38.51	23	7.77	3	1.01
休息设施	56	18.92	102	34.46	103	34.80	30	10.14	5	1.69
厕所	61	20.61	125	42.23	82	27.70	25	8.45	3	1.01
卫生	66	22.30	155	52.36	60	20.27	15	5.07	0	0

将满意度评价的 5 个等级——非常满意、满意、基本满意、不满意及非常不满意分别赋分为 100 分、80 分、60 分、30 分及 0 分。根据式（6-1）和表 6-11 的统计结果可得到游客对异龙湖旅游各要素的满意度分数（附图 6-2）。

满意度分数=非常满意比例×100 分+满意比例×80 分+基本满意比例×60 分+
不满意比例×30 分+非常不满意×0 分　　（6-1）

由附图 6-2 可以看出，在对列举出的影响异龙湖游客满意度的 8 个要素进行赋分的结果中，厕所的满意度分数低于 70 分，说明游客对景区厕所的满意度还未达到满意，其他 7 个要素的满意度分数均高于 70 分，其中安全设施的满意度分数最高，为 82.6 分，说明游客对景区安全设施的满意度已达到满意。8 个要素的满意度平均分为 75.11 分，表明游客对景区的总体满意度在满意与基本满意之间。

6.4.3 回归分析

2020 年由于新冠肺炎疫情影响，全国各地旅游人数骤减。2017—2019 年，石屏县旅游人数呈递增趋势，通过询问当地住户及附近商户得知，调研期间的旅客人数与往年大致相同，因此分析采用 2019 年的旅客数据。通过实地调研及问卷发放了解到，周末古城的人数比非节假日有所增加，但没有感觉到拥挤，而异龙湖湿地公园和郑营村却人数很少，感觉过于冷清，建议吸引现有游客数 1.5～2 倍的游客至景区游玩，每年游客人数在

500 万～700 万。

本书用赋值法来衡量游客对异龙湖景区各要素的满意度，将满意程度分为 1～5 个等级，1 代表“非常不满意”，5 代表“非常满意”，3 作为临界点，4～5 是满意区间。采用满意度模型计算游客的社会心理容量，询问游客在重要景点游览过程中的满意程度，以游客的满意程度为因变量，进入景区的游客数为自变量建立回归方程。运用 SPSS 统计分析软件对满意度与游客量关系图进行回归分析，采用曲线估计模式，进行线性、对数、倒数、二次、复合、幂、*S*、增长、指数、逻辑斯蒂（Logistic）多种曲线相关系数模拟。其中，线性回归的解释量（R^2）为 0.998，具有最高的拟合度，符合 *R* 性检验（表 6-12）。

表 6-12　模型汇总和参数估计值

方程	模型汇总					参数估计值		
	R^2	F	df_1	df_2	Siq.	常数	b_1	b_2
二次	1.000	84 605.692	2	2	0	−6.423	0.001	-3.558×10^{-8}

从拟合结果可以获得如附图 6-3 所示的游客满意度曲线，该方程为：

$$Y=-3.58\times10^{-8}X^2+0.001\,209X-6.48 \tag{6-2}$$

式中：Y—— 游客满意度；

X—— 游客数。

以游客满意度 3 为临界值，当异龙湖游客满意度达到 3 时，进入异龙湖的游客数为 21 392 人。根据现有旅游发展情况和景区内游客增长情况，采用表 6-12 进行相关性分析，预计异龙湖的社会心理容量为 161 044～21 392 人/d。景区可游天数取 365 d，则异龙湖的社会心理容量为 585.6 万～780.8 万人/a。

6.4.4　研究局限

不同游客的配合程度和对此调查的理解与支持程度不同，由于青少年、高学历者或长期居住本地的游客配合度更高，因此其样本量相对较多，这可能在一定程度上影响研究结果，产生对总体估计的误差。

6.5　异龙湖旅游容量综合分析

6.5.1　木桶原理法

采用木桶原理法对异龙湖景区的旅游容量进行综合评价（表 6-13），取异龙湖不同时

期各旅游容量分量计算值中的最小值，即

异龙湖旅游容量=min（旅游资源空间容量，水环境容量，水资源容量，社会心理容量） (6-3)

由表 6-13 可知，异龙湖 2025 年的旅游容量取决于水资源容量的核算结果，即年最大旅游容量为 379 万人次，日最大游客数量为 10 383 人次；2035 年的旅游容量取决于水环境容量的核算结果，即年最大旅游容量为 441 万人次，日最大游客数量为 12 082 人次。以上旅游容量均在生态承载力范围内，且充分利用了优质的自然资源，可作为控制旅游人数的依据。

表 6-13 异龙湖旅游容量（木桶原理法）

容量	现状年	2025 年	2035 年
水环境容量/万人	267	401	441
水资源容量/万人	270	379	867
旅游资源空间容量/万人	1 376.1	1 376.1	1 376.1
社会心理容量/万人	585.6～780.8	585.6～780.8	585.6～780.8
异龙湖旅游容量/万人	267	379	441

6.5.2 权重赋值法

采用权重赋值法对异龙湖景区的旅游容量进行综合评价，各容量分量采用木桶原理法得到，旅游容量的综合实现应以式（1-8）表示。

权重的确定：在既要减小主观随意性、提高权重的客观性和准确性，又要具有灵活性和可操作性的原则下，目前常用专家咨询法和打分法给权重赋值。异龙湖景区的重点旅游资源为水域风光，对水体类风景旅游区、生态承载力起重要作用，故水环境容量及水资源容量为异龙湖旅游容量的主要限制因子。

根据本书 6.1 节和 6.2 节的分析结果，2025 年，异龙湖景区水环境容量及水资源容量的权重赋值较大，4 个容量中，旅游资源空间容量对异龙湖景区旅游容量的约束力最小，权重赋值较小，本书通过查阅文献资料，结合专家咨询确定了异龙湖景区的旅游容量各分量权重为 X_1=0.05、X_2=0.45、X_3=0.4、X_4=0.1。

根据本书 6.1 节和 6.2 节的分析结果，2035 年，随着补水工程的进一步实施，P=50%平水年和 P=70%枯水年两种水文保证率下，异龙湖景区将均有富余水量，特枯水年缺水率仅为 6.3%，因此，到 2035 年水资源容量将基本不成为旅游容量的限制因素。异龙湖景区水环境容量的权重赋值最大，水资源容量权重赋值降低，本书通过查阅文献资料，结合专家咨询确定，异龙湖景区的旅游容量各分量权重为 X_1=0.05、X_2=0.65、X_3=0.2、X_4=0.1。

最终，通过计算可得到 2025 年的旅游容量将为 459.4 万人，2035 年的旅游容量将为 587.4 万人。

6.5.3 研究方法对比

采用木桶原理法计算出的异龙湖旅游容量是确保异龙湖生态安全条件下的最适旅游容量，具有较强的约束力；采用权重赋值法计算出的异龙湖综合旅游容量超过了其环境容量分量，较为宽松（表 6-14）。综合比较权重赋值法和木桶原理法两种计算方法，并考虑压力因素的约束程度，最终选用木桶原理法进行阈值选取。

表 6-14 不同计算方法下的异龙湖旅游容量对比

容量		2025 年	2035 年
旅游容量/万人	木桶原理法	379	441
	权重赋值法	459.4	587.4

第 7 章　结论与建议

7.1　结论

本书基于异龙湖环境承载力条件，通过研究和总结旅游容量量化方法，结合景区实际情况，采用文献查阅、问卷调查、实地调查、统计分析等方法构建了异龙湖旅游容量评价体系，对异龙湖景区的旅游容量进行了量化分析，又分别采用木桶原理法和权重赋值法对异龙湖景区的旅游容量进行了综合评价，所得主要结论如下：

一是综合比较权重赋值法和木桶原理法两种计算方法发现，采用木桶原理法计算出的旅游容量为确保异龙湖生态安全条件下的最严容量，对旅游容量具有较强的约束力，对异龙湖景区的可持续发展有较强的支撑作用。

二是异龙湖旅游容量量化分析结果表明，异龙湖的 2025 年和 2035 年最严旅游容量分别为 379 万人和 441 万人，为异龙湖不同时期各旅游容量分量计算值中的最小值，此阶段水环境容量、水资源容量为异龙湖旅游容量的瓶颈因子。

三是景区的旅游资源空间容量、社会心理容量也会随着异龙湖景区的开发建设，管理体制的完善和经济效益的不断增长而提高，故 2025 年和 2035 年它们均不会成为景区旅游容量的限制因子。随着补水工程的进一步建设，至 2035 年，水资源容量也将不再是景区旅游容量的限制因子。

7.2　建议

一是为了保护异龙湖生态环境，旅游主管单位应严格控制异龙湖周边旅游人数的增长，实施减量开发。例如，根据景区的合理旅游容量制定旅游接待规模，采用调控手段控制进入景区内的总游客规模以及单位时间内进入各个旅游区域的游客数量，通过调整异龙湖景区的旅游项目、开发异龙湖景区的旅游资源等措施对旅游人数进行合理分流，改善景区内的服务设施，合理利用整个景区的资源空间承载力。

二是异龙湖景区的现状旅游产品大多停留在一般性的观光游览层次上，在文化、自然景观资源的开发方面存在旅游资源开发不足，游客较为集中于异龙湖周边，对景区自身的资源特点分质、分量开发不足的问题。当前的旅游形式更强调游客的文化体验及参与度，因此，应在尊重文化原真性、保护自然景观的前提下，推出符合市场需求的旅游产品，使游客充分认识和欣赏当地文化的内涵和异龙湖自然景观价值之间的关系；提高对景观资源的科学利用程度；提高整个景区旅游资源的经济效能，为异龙湖景区旅游业的持续发展创造积极条件，使当地文化在得到完整保护的前提下实现传承和发展。

泸沽湖篇

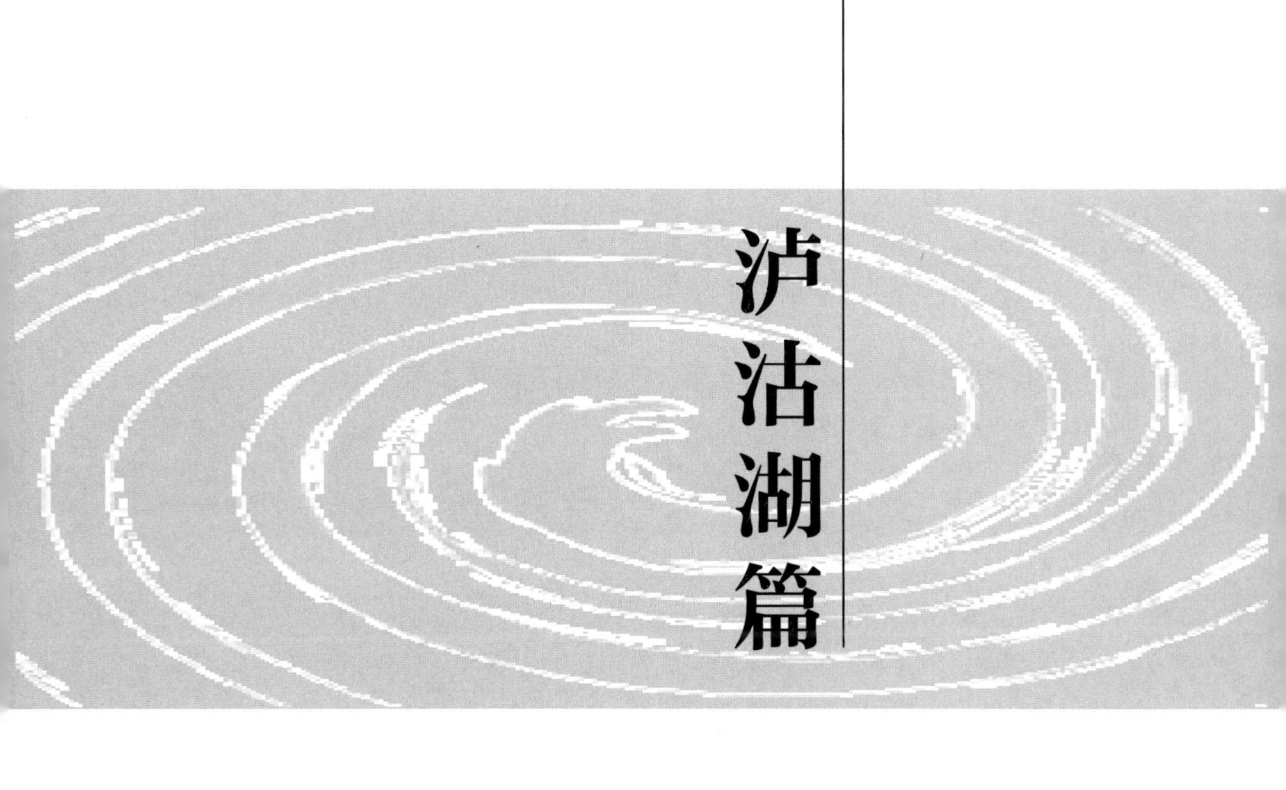

第 8 章　研究区概况

8.1　自然环境状况

8.1.1　湖泊流域概况

泸沽湖位于云南省西北部的丽江市宁蒗县永宁乡，东邻四川省盐源县泸沽湖镇，是丽江玉龙雪山国家级重点风景名胜区的重要组成部分，是云南省九大高原湖泊中水质最好的湖泊，湖泊流域面积为 247.71 km^2，湖泊水面面积为 57.18 km^2，其中泸沽湖流域云南部分的境内包括宁蒗县永宁乡落水村村委会，所属流域面积为 107 km^2，湖泊水面面积为 30.3 km^2。泸沽湖湖滨自然岸线长度现状为 24.1 km，湖滨岸线总长度现状为 30.068 km，湖滨自然岸线率已达到 90%。

8.1.2　地质地貌

泸沽湖地区在大地构造上属于横断山块断带和康滇台背斜交界地带，为第四纪 2025 年新构造运动和外力溶蚀作用形成。泸沽湖由一个西北东南向的断层和两个东西向的断层共同构成，流域属于雅砻江水系，湖区古生代及中生代地层发育，第四纪地层仅见湖边之砂砾层，无典型的湖相沉淀，由于受构造运动的影响，湖盆四周群山环抱，湖岸多半岛、岬湾。湖中有大小岛屿 7 个，都是石灰岩残丘。东部湖底有长形深槽，北部和长岛两侧的湖坡陡峻，周围群山主要岩石为石灰岩和页岩，分布于狮子山一带。湖西岸分布泥岩、砂岩夹少量泥灰岩，南岸及西南岸为砂页岩、硅质岩。泸沽湖流域地形地貌见附图 8-1。

8.1.3　水文水系

泸沽湖是外流淡水湖，属金沙江—雅砻江水系，湖面海拔为 2 692.2 m。湖泊呈北西走向，南北长 22.3 km，东西宽（最宽处）7.6 km；最大水深为 105.3 m，平均水深为 38.4 m，蓄水量为 21.17 亿 m^3。根据《云南省宁蒗县彝族自治县泸沽湖风景区保护管理条例》(2009 年修订）第二章第八条规定："泸沽湖最低水位为 2 689.8 m（黄海高程），最高蓄水位为 2 690.8 m"（表 8-1）。

表 8-1　泸沽湖流域基本情况

流域面积/km^2	最高蓄水位/m	湖面面积/km^2	蓄水量/10^8 m^3	平均水深/m	最大水深/m	湖周长/km	湖长/km	湖宽/km	年均降雨量/mm	年均蒸发量/mm
247.71	2 690.8	57.18	21.17	38.4	105.3	71.6	22.3	7.6	1 000	1 170

泸沽湖流域面积小，集水面积与湖泊面积的比值（湖泊补给系数）仅为 3.35，入湖河流源近流短，呈现出明显的季节性，湖水主要靠雨水和临时性的沟溪汇水和区间坡面漫流及少量地下水补给。泸沽湖流域云南境内主要入湖河流有 5 条，由北到南分别为大鱼坝河、乌马河、三家村河（幽谷河)、蒗放河、山垮河。除大鱼坝河和山垮河外，其余 3 条均为季节性河流，乌马河流经旅游聚集区。河流的基本汇流特征及监测断面情况见表 8-2。出水口在东岸（四川境内)，每年 6—10 月，湖水经东侧的大草海及盖祖河排入雅砻江，出湖流量在汛期可达 3～5 m^3/s，10 月以后排流量很小，每年 1—5 月湖水基本没有外泄。根据现场实地调查，泸沽湖西北面，小洛水至肖家湾段分布有 4 条较大冲沟，由北到西分别是小洛水冲沟、尼塞冲沟、里格冲沟、肖家湾冲沟（小渔坝河)，皆为季节性冲沟。泸沽湖流域水系如附图 8-2 所示。

表 8-2　监测河流基本汇流特征及监测断面情况

河流	汇流面积/km	断面宽/m	河堤高/m	子流域汇流特征
大鱼坝河	9.19	1.6	0.5	上游为天然林地，山谷间冲沟，坡度较大，自然河道，水土流失严重
乌马河	10.11	3.25	1.1	上游为天然林地，入湖口发育有较大面积洪积扇
三家村河	18.99	5	2	上游为天然林地，入湖口流经三家村（小规模旅游集散地）段为三面光河堤，水流急，坡度大
蒗放河	6.6	3.5	1.752	上游为天然林地，入湖口流经蒗放村段为三面光河堤
山垮河	25.67	5	1.7	上游为天然林地，汇流面积较大，是水量较大河流之一，入湖口有大量旱地分布

8.1.4　气候气象

泸沽湖流域地处西南季风气候区域，属低纬高原季风气候区，具有暖温带山地季风气候的特点，光照充足，冬暖夏凉，降水适中。同时，由于湖水的调节功能，因此年温差也较小。流域内地形复杂，群山连绵起伏，呈现出明显的立体气候特点，气温随海拔的升高而递减。区域内干湿季分明，6—10 月为雨季，11 月—次年 5 月为旱季，1—2 月有少量雨雪，旱季降水占全年降水的 11%，雨季降水占全年降水的 89%，多年平均降雨量为 1 000 mm，年相对湿度为 70%。湖水温度为 10.0～21.4℃，是一个永不冻结的湖泊，常年平均气温为 12.8℃，极端最高气温为 31.5℃，极端最低气温为−9.7℃。区域内光能资源丰富，全年日照时数为 2 260 h，日照率为 57%。

8.1.5　土壤类型

泸沽湖流域的土壤共有 7 个类型，9 个亚类。虽然其土壤水平分布变化不明显，但具有一定的垂直分布规律，表现为海拔在 2 800 m 以下为兼有北亚热带与南温带特点的云南松林红壤带；海拔在 2 800～3 600 m 为南温带针阔混交林棕壤带；海拔在 3 600 m 以上为温带冷杉林暗棕壤带。

8.2　湖泊生态环境状况

8.2.1　植被

参照《云南植被》的分类系统和单位，《云南泸沽湖省级自然保护区综合考察报告》中将保护区植被划分为 8 个植被型、11 个植被亚型、31 个群系。各植被类型详见表 8-3。

表 8-3　保护区植被类型简表

植被型	植被亚型	群系
草甸	亚高山草甸	羊茅草甸
		喜马拉雅大黄草甸
灌丛	寒温性灌丛	豆叶杜鹃灌丛
		高山柏灌丛
		白背柳灌丛
		矮高山栎灌丛
竹林	温性竹林	箭竹林

植被型	植被亚型	群系
温性针叶林	寒温性针叶林	川滇冷杉林
		丽江云杉林
		大果红杉林
	温凉性针叶林	云南铁杉林
		高山松林
		小果垂枝柏林
暖性针叶林	暖温性针叶林	云南松林
		华山松林
落叶阔叶林	山地杨桦林	白桦林
		滇山杨林
硬叶常绿阔叶林	寒温山地硬叶常绿阔叶林	黄背栎林
		川滇高山栎林
湖泊水生植被	挺水植物群落	芦苇群落
		水葱群落
		茭草群落
		香蒲群落
		黑三棱群落
	浮叶植物群落	鸭子草群落
		细果野菱群落
	沉水植物群落	波叶海菜花群落
		狐尾藻群落
		红线草群落
		竹叶眼子菜群落
		丝状绿藻群落

8.2.2 植物资源

1. 植物多样性

泸沽湖省级自然保护区的植物种类复杂多样，根据《云南泸沽湖省级自然保护区综合考察报告》，泸沽湖省级自然保护区有维管束植物 137 科 440 属 870 种（含亚种和变种，但不包括栽培种，下同）。其中，蕨类植物有 17 科 27 属 41 种，种子植物有 120 科 413 属 829 种。在种子植物中，裸子植物有 4 科 11 属 17 种，被子植物有 116 科 402 属 812 种。按水因子划分，水生植物（含挺水植物、浮叶植物和深水植物）有 20 科 26 属 38 种，陆生植物有 117 科 414 属 832 种。

2. 植物区系分析

在全国的植物区系分区中，泸沽湖省级自然保护区植物区系的地域正处于泛北极植物区，中国－喜马拉雅森林植物亚区，滇西、滇西北横断山脉小区。对已查明的种子植物属进行植物区系分析发现，其 413 属分别属于 15 个分布区类型。其中，各种热带亚热带分布的有 100 属，占总属数（不包括世界广布属，下同）的 27.8%；各种温带分布的有 254 属，占总属数的 70.5%；中国特有分布的有 6 属，占总属数的 1.7%。热带亚热带分布类型中占首位的是泛热带分布属，有 54 属，占总属数的 15.0%。温带分布类型中占首位的是北温带分布属，有 134 属，占总属数的 37.2%。各分布区类型、属数和所占的百分比详见表 8-4。

表 8-4　泸沽湖省级自然保护区种子植物属分布区类型

序号	分布区类型	属数/属	占总属数的比例/%	大类占总属数的比例/%
1	世界分布	53	—	—
2	泛热带分布	54	15.0	热带亚热带分布 100 属，占总属数的 27.8%
3	热带亚洲和热带美洲间断分布	5	1.4	
4	旧世界热带分布	11	3.1	
5	热带亚洲至热带大洋洲分布	4	1.1	
6	热带亚洲至热带非洲分布	17	4.7	
7	热带亚洲分布	9	2.5	
8	北温带分布	134	37.2	温带分布 254 属，占总属数的 70.5%
9	东亚和北美间断分布	27	7.5	
10	旧世界温带分布	35	9.7	
11	温带亚洲分布	5	1.4	
12	地中海区、西亚至中亚分布	3	0.8	
13	中亚分布	5	1.4	
14	东亚分布	45	12.5	
15	中国特有分布	6	1.7	—
总计	—	413	100	—

注：占总属数的比例不包含世界分布属。

从属的分布区类型来看，泸沽湖省级自然保护区的植物区系不仅种类复杂多样，而且地理联系广泛，分布镶嵌交错，其 15 个分布类型，不仅与泛北极植物区内不同区系成分有极为密切的联系，也与古热带植物区甚至新热带植物区内的不同区系成分有联系。泸沽湖省级自然保护区的植物区系具有明显的温带性质，并且以北温带成分占绝对优势，北温带成分中的松柏类，如云杉、冷杉、落叶松、松和柏，种类繁多，并形成了广阔的亚高山针叶林植被。同时，泛热带和热带亚洲成分也占有一定的比例。

泸沽湖省级自然保护区的特有属和特有种较丰富。其中，中国特有属有牛舌草属、毛冠菊属、金铁锁属、葶花属和通脱木属；特有种有云南黄果冷杉、苍山冷杉和柏木等。

3．珍稀濒危植物

保护区不仅植被类型多样、物种丰富，还有不少珍稀濒危保护植物。据《云南泸沽湖省级自然保护区综合考察报告》，泸沽湖省级自然保护区共有保护植物 6 种。其中，被列入 1999 年《国家重点保护野生植物名录（第一批）》的保护种类有 2 种，被列入 1987 年《中国珍稀濒危保护植物名录（第一册）》的保护种类有 1 种（不包括已列入《国家重点保护野生植物名录（第一批）》的种类），被列入 1989 年《云南省第一批省级重点保护野生植物名录》的保护种类有 3 种。各保护植物名称、保护级别及分布详见表 8-5。

表 8-5 泸沽湖省级自然保护区保护植物名录

<table>
<tr><th>保护植物名称</th><th>列入名录</th><th>保护级别</th><th>分布</th></tr>
<tr><td>喜马拉雅红豆杉
Taxus wallichiana</td><td rowspan="2">《国家重点保护野生植物名录（第一批）》</td><td>I</td><td>狗钻洞海拔 2 750～3 400 m 的云冷杉林和云南松林过渡带</td></tr>
<tr><td>松茸
Tricholoma matsutake</td><td>II</td><td>海拔 2 800～3 200 m 的云南松林和栎类林交会地带</td></tr>
<tr><td>海菜花
Ottelia acuminata</td><td>《中国珍稀濒危保护植物名录（第一册）》</td><td>3</td><td>水深 1～5 m 的湖周围</td></tr>
<tr><td>冬海棠
Prunus cerasoides</td><td rowspan="3">《云南省第一批省级重点保护野生植物名录》</td><td>2</td><td>湖周海拔 2 750 m 的杂木林中</td></tr>
<tr><td>高河菜
Megacarpaea delavayi</td><td>3</td><td>三家村海拔 2 700～3 000 m 的草坡</td></tr>
<tr><td>三分三
Anisodus acutangulus</td><td>3</td><td>左所窝子海拔 3 800 m 的高山草甸和高山杜鹃灌丛</td></tr>
</table>

8.2.3 动物资源

1．哺乳动物

结合 2014 年的考察结果和以往收集整理的成果资料，泸沽湖省级自然保护区共记录哺乳动物 6 目 16 科 26 属 29 种，其种数占中国哺乳动物总种数的 4.9%，云南哺乳动物种数的 9.7%，在省级保护区中是比较丰富的。

泸沽湖省级自然保护区被列入 1988 年 12 月 10 日国务院批准的《国家重点保护野生动物名录》的哺乳动物有 11 种，占所录哺乳动物总数的 37.9%，其中有国家 I 级重点保护物种 2 种，国家 II 级重点保护物种 9 种；被列入云南省人民政府 1989 年 9 月 1 日批准的《云南省省级保护陆生野生动物名录》的哺乳动物有 1 种；另外，被列入《濒危野生动植物种国际贸易公约》（CITES）的哺乳动物有 12 种（表 8-6）。

表8-6 泸沽湖省级自然保护区珍稀濒危动物及其分布

种名	国家级	省级	CITES	地理分布
黑麝 *Moschus crinifrons*	I		I	狗钻洞丫口至左所窝子一带
林麝 *Moschus berezovskii*	I		II	狮子山及湖西山地森林中
猕猴 *Macaca mulatta*	II		II	狮子山及附近森林中
豺 *Cuon alpinus*	II		II	狗钻洞丫口至左所窝子一带
黑熊 *Selenarctos thibetanus*	II		I	狮子山及附近森林中
小熊猫 *Ailurus fulgens*	II		I	狗钻洞丫口至红岩子一带
水獭 *Lutra lutra*	II		I	三家村、落水、红岩子一带
斑林狸 *Prionodon pardicolor*	II		I	狗钻洞丫口至左所窝子一带
丛林猫 *Felis chaus*	II		II	狮子山及湖西山地森林中
斑羚 *Naemorhedus goral*	II		I	狮子山一带
穿山甲 *Manis pentadactyla*	II		II	湖西山地森林
狼 *Canis lupus*			I	湖西山地森林
黑颈鹤 *Grus nigricollis*	I		I	湖区水域
东方白鹳 *Ciconia boyciana*	I		I	湖区水域
黑鹳 *Ciconia nigra*	I			湖区水域
金雕 *Aquila chrysaetos*	I		II	湖西山地森林
胡兀鹫 *Gypaetus barbatus*	I		II	湖西山地森林
绿尾虹雉 *Lophophorus lhuysii*	I		I	湖西山地森林
黄嘴白鹭 *Egretta eulophotes*	II			湖区水域
大天鹅 *Cygnus cygnus*	II			湖区水域
鸳鸯 *Aix galericulata*	II			湖区水域
凤头蜂鹰 *Pernis ptilrhynchus*	II			湖西山地森林
[黑]鸢 *Milvus korschun*	II			湖西山地森林
苍鹰 *Accipiter gentilis*	II			湖西山地森林
雀鹰 *Accipiter nisus*	II			湖西山地森林及居民点附近
普通鵟 *Buteo buteo*	II			湖西山地森林
藏马鸡 *Crossoptilon crossoptilon*	II		I	里务比岛
白鹇 *Lophura nycthemera*	II			湖西山地中
白腹锦鸡 *Chrysolophus amherstiae*	II			湖西山地中
灰鹤 *Grus grus*	II			湖区水域
雕鸮 *Bubo bubo*	II		II	湖西山地森林
虎纹蛙 *Rana tigrina*	II			媳娃俄岛和里务比岛一带
灰雁 *Anser anser*				湖区水域
斑头雁 *Anser indicus*				湖区水域
虎纹蛙 *Rana tigrina*	II			山地溪流

2．鸟类

泸沽湖省级自然保护区目前记录到的鸟类有 13 目 36 科 169 种，被列入国家重点保护的鸟类有 19 种，其中国家Ⅰ级重点保护物种 5 种，国家Ⅱ级重点保护物种 13 种；被列入省级保护的鸟类有 2 种；被列入 CITES 附录的鸟类有 7 种（表 8-6）。

3．两栖爬行动物

泸沽湖省级自然保护区目前记录到的两栖类原生种类有 1 目 4 科 8 属 8 种，爬行类原生种类仅记录有 1 目 4 科 5 属 8 种。被列入保护名录的两栖爬行类仅有虎纹蛙（*Rana tigrina*）1 种，属国家Ⅱ级保护物种（表 8-6）。

4．鱼类

经 2014 年调查，泸沽湖省级自然保护区记录到的鱼类有 6 目 8 科 15 属 17 种。鲤形目（Cypriniformes）鲤科（Cyprinidae）鱼类种数最为丰富，共 9 种，占泸沽湖鱼类总种数的 52.9%。其中，土著鱼类仅有 2 属 4 种，分别为泥鳅（*Misgurnus anguillicaudatus*）、厚唇裂腹鱼（*Schizothorax labrosus*）、宁蒗裂腹鱼（*Schizothorax ninglangensis*）、小口裂腹鱼（*Schizothorax microstomu*）。

8.3 社会经济状况

8.3.1 行政区划

泸沽湖流域的行政区划（附图 8-3）包括云南省宁蒗县永宁乡落水村村委会、四川省盐源县泸沽湖镇，共涉及 2 个省、2 个县、2 个乡镇、9 个村委会（表 8-7）。泸沽湖流域云南部分的落水村村委会（除竹地外）共涉及 10 个自然村（表 8-8）。

表 8-7 泸沽湖流域的行政区划

省	县	乡镇	村委会
云南	宁蒗县	永宁乡	落水村
四川	盐源县	泸沽湖镇	木垮村
			多舍村
			海门村
			匹夫村
			博树村
			山南村
			直普村
			舍垮村

表 8-8 泸沽湖流域云南部分的行政区划

乡镇	村委会	自然村
永宁乡	落水村	山垮村、普洛村、浪放村、王家湾村、吕家湾村、三家村、洛水村、里格村、小洛水村、老屋基村

8.3.2 人口分布

泸沽湖流域沿岸居住有摩梭人和彝、汉、纳西、藏、普米、白、壮 7 个民族。根据《云南泸沽湖保护治理规划（2018—2035 年）》的人口预测结果（表 8-9），2020 年泸沽湖流域的总人口为 16 274 人，其中四川片区为 13 145 人，云南片区为 3 129 人，落水村（泸沽湖流域云南部分）总建设用地规模为 155.0 hm^2，人口规模宜控制在 15 500 人以下（包含常住人口与暂住人口），“十三五”期间，按规划要求划定了景区保护红线，实施了红线内农户搬迁工作，2020 年老屋基村的 68 户居民，共计 276 人，已全部搬迁完毕。

表 8-9 泸沽湖流域人口预测

省	县	乡镇	村委会	2020 年	2025 年	2035 年
云南	宁蒗县	永宁乡	落水村	3 129	3 376	3 871
四川	盐源县	泸沽湖镇	木垮村	2 864	3 089	3 542
			多舍村	2 512	2 710	3 107
			海门村	984	1 061	1 217
			匹夫村	1 130	1 219	1 398
			博树村	1 086	1 172	1 344
			山南村	1 654	1 784	2 045
			直普村	1 539	1 660	1 903
			舍垮村	1 377	1 486	1 704
合计				16 274	17 558	20 130

注：泸沽湖流域人口预测数据源于《云南泸沽湖保护治理规划（2018—2035 年）》。

8.3.3 土地利用现状

根据泸沽湖“十三五”规划有关内容，并结合最新卫星影像图及实地勘探结果，泸沽湖流域（云南部分）土地利用情况与 2013 年相比变化不大（附图 8-4），其中有林地面积为 58.497 km^2，占总面积的 54.66%，湖泊面积为 29.025 km^2，占总面积的 27.12%，草地面积为 4.878 km^2，占总面积的 4.56%，耕地面积为 2.342 km^2，占总面积的 2.19%，村庄用地面积为 1.741 km^2，占总面积的 1.63%，耕地和村庄主要集中于沿湖区域，森林覆盖率为 64.64%（表 8-10）。

表 8-10 泸沽湖流域土地利用现状统计

土地利用类型	流域面积/km^2	比例/%	云南部分的面积/km^2	占云南部分的比例/%
旱地	23.79	9.60	2.342	2.19
有林地	127.3	51.39	58.497	54.66
其他林地	0.97	0.39	3.097	2.89
疏林地	0.09	0.04	0.566	0.53
灌木林地	28.66	11.57	4.123	3.85
湖泊	57.18	23.08	29.025	27.12
河渠	0.06	0.02	0.189	0.18
湿地	1.00	0.40	1.146	1.07
水库坑塘	0.15	0.06	0.142	0.13
农村居民地	2.46	0.99	1.741	1.63
其他建筑用地	1.83	0.74	0.027	0.03
道路	0.95	0.38	0.336	0.31
草地	1.96	0.79	4.878	4.56
裸土地	1.31	0.53	0.905	0.85
合计	247.71	100	107.014	100

注：云南部分土地利用面积根据云南省国土部门提供的 2017 年国土数据解析；四川部分土地利用面积根据最新卫星影像图解析。

8.3.4 经济发展现状

近年来，泸沽湖景区的旅游业呈井喷式发展，旅游经济的发展对当地居民生产生活方式的改变是直接而显著的，如泸沽湖景区的经济模式已由种植业向旅游服务业转变，变化较为明显和突出的村落包括落水村村委会的小洛水村、洛水村、里格村和三家村等，旅游服务业的收入逐渐成为泸沽湖周边村落家庭的主要收入来源。

根据泸沽湖管理局提供的2017年泸沽湖旅游门票收入和流域内各村居民人均收入统计数据，预测现状及 2025 年和 2035 年的旅游业规模，包括流域的国内生产总值和第三产业总产值，采用指数增长模型进行计算：

$$G_i = G_{2017}(1+a_i)\ t_i \tag{8-1}$$

式中：G_i——规划目标年国内生产总值，元；

G_{2017}——基准年（2017 年）的国内生产总值，元；

a_i——国内生产总值平均增长率，%；

t_i——规划目标与基准年间的时间间隔，年。

泸沽湖流域的国内生产总值年均增长率参照《宁蒗县“十三五”国民经济和社会发展》中所列值，旅游收入年均增长率为 35.4%。泸沽湖流域的旅游产业规模预测结果见表 8-11。

表 8-11　泸沽湖流域的旅游产业规模预测结果　　单位：亿元

年份	云南部分的旅游收入	四川部分的旅游收入
2017	1.01	0.63
2020	2.44	0.78
2025	4.44	1.42
2035	8.09	2.59

8.4　水质状况

8.4.1　湖泊水质

丽江市环境监测站在泸沽湖湖体设了 3 条监测垂线、4 个监测点，分别为里格（里格）、湖心（表层）、湖心（深层）和洛水，以开展湖区水质监测（附图 8-5）。其中，湖心（表层）为国控监测点、里格和洛水为省控监测点。泸沽湖湖心（表层）水质考核目标为“Ⅰ类”。

泸沽湖水质例行监测设湖心综合、洛水和里格 3 个点位，监测项目为 27 项，频次为每月监测 1 次。对照“十三五”规划目标，泸沽湖近 3 年除溶解氧（DO）指标有超标外，其余指标均未超过Ⅰ类标准限值。

据历史资料，2010—2020 年泸沽湖全湖综合水质均为Ⅰ类，湖泊营养状态为贫营养，湖泊生态结构尚合理，但向富营养化湖泊转变的风险较大，湖泊水体及入湖河流水质总体呈下降趋势，湖泊水质保护压力越发大。丽江市生态环境局关于泸沽湖湖面 3 个常规监测断面的水质监测数据显示，2020 年全湖综合水质为Ⅰ类，达到了国家考核水质目标，湖库单独评价指标 TN 为Ⅰ类，营养状态为贫营养。

1. 湖体水质现状

2019 年，丽江市环保局关于泸沽湖湖面 3 个常规监测断面的水质监测数据显示，2019 年全湖综合水质为Ⅰ类，达到了国家考核水质目标。2019 年 1—12 月，泸沽湖 3 个监测断面水质均无超标指标（Ⅰ类水质优先参考 DO 饱和度），水质达标率为 100%，但 DO 有个别月份超标。2019 年营养状态指数 13.2 处于贫营养状态。

2020 年全湖综合水质为Ⅰ类，2020 年 1—12 月，泸沽湖 3 个监测断面的平均水质有部分月份 DO 超过了Ⅰ类标准限值，达到了Ⅱ类标准。2020 年，泸沽湖的营养状态指数为 12.41，处于贫营养状态（附图 8-6）。

（1）DO

2019 年，泸沽湖仅 DO 指标存在个别月份超标的情况，全湖 DO 浓度介于 6.14～8.17 mg/L，平均浓度为 7.24 mg/L；2020 年，全湖 DO 浓度介于 6.85～8.58 mg/L，平均浓度为 7.63 mg/L，其中 6 月、7 月、8 月、9 月、11 月的 DO 浓度超标，其余月份未超标（附图 8-7）。

（2）TP

2019 年，泸沽湖全湖 TP 浓度在 0.005 mg/L 上下波动，平均浓度为 0.005 mg/L；2020 年，泸沽湖全湖 TP 浓度在 0.005 mg/L 上下波动，平均浓度为 0.005 mg/L，TP 指标数据较为优良，无超标月份（附图 8-8）。

（3）TN

2019 年，泸沽湖全湖 TN 浓度介于 0.04～0.21 mg/L，平均浓度为 0.11 mg/L，全年仅有 1 个月份浓度超过了Ⅰ类，为 6 月，浓度为 0.21 mg/L，超标倍数为 0.05；2020 年，泸沽湖全湖 TN 浓度介于 0.02～2.7 mg/L，平均浓度为 0.09 mg/L，全年仅有 1 个月份浓度超过了Ⅰ类，为 2 月，浓度为 0.27 mg/L，超标倍数为 0.35（附图 8-9）。

2．水环境变化趋势

根据泸沽湖湖体水质监测数据，泸沽湖多年综合评价水质较好，按 DO 检测值计算，泸沽湖水质达到了Ⅱ类标准；按 DO 饱和度计算，泸沽湖水质达到了Ⅰ类标准。附图 8-10 仅对泸沽湖几项重要指标进行了分析。2010—2020 年，泸沽湖全湖 TP 值在Ⅰ类限值以下波动，并在 2014 年以前基本维持在一条水平线上，但从 2015 年开始有小幅上升趋势。2010—2020 年，泸沽湖全湖 DO 值均在Ⅰ类水质标准限值上下波动，2014 年的 DO 平均值达到了 7.5 mg/L，为Ⅰ类水质，2015—2016 年的 DO 浓度均小于 7.5 mg/L，达Ⅱ类水质，2017—2018 年的 DO 浓度分别为 7.63 mg/L 和 7.83 mg/L，为Ⅰ类水质。2010—2020 年，泸沽湖全湖营养指数均在 30 以内，为贫营养，其中，2010 年的营养指数为 22.72，其余年间均在 15 上下波动。

8.4.2 入湖河流水质现状及其变化趋势

丽江市生态环境局在主要入湖河流：大渔坝、山跨河、乌马河、三家村河上各设了 1 个监测断面，4 个监测断面点位均为省控监测点，并自 2013 年开始对入湖河流开展水质监测。丽江市生态环境局关于云南入湖河流 4 个常规监测断面（大鱼坝、山垮、三家村、乌马河）的水质监测数据显示，“十二五”期间，泸沽湖入湖河流综合达标率为 87.5%，达到了规划水质目标。但是 4 条入湖河流的雨季降雨径流各项污染物平均浓度较月度常规监测有明显升高趋势，由于雨季时的径流量约占全年径流量的 80%，因此较高的雨季暴雨径流，氮、磷等营养物平均浓度必然产生较高的营养物入湖负荷，对湖体 I 类水造成压力。

1. 入湖河流水质现状分析

根据丽江市监测站的监测数据，2019 年监测的河道主要指标均无超标情况，各河流 2019 年、2020 年综合水质均为 II 类，达到了水质目标。2019—2020 年，DO 无超标月份，均在 II 类及以上；TP 除大渔坝 2020 年 7 月超标（浓度为 0.2 mg/L，达III类）外，其他河道及月份均未超标，且均在 II 类及以上；TN 除山跨河 2019 年 7 月超标（浓度为 0.79 mg/L，达III类）外，其他河道及月份均未超标，且均在 II 类及以上（附图 8-11）。

2. 变化趋势分析

根据丽江市环境监测站 2013—2018 年的水质监测数据（自 2013 年起对入湖河流进行水质监测），大鱼坝、山垮河、三家村、乌马河 4 条河流的 TP 年平均值均在 II 类限值以下波动，其中大鱼坝河流波动较大，其余 3 条河流波动较小，但总体呈现上升趋势；4 条河流的 COD_{Mn} 年平均值均在 I 类限值上下波动，且波动明显；4 条河流的 COD 年平均值均在 II 类限值以下波动，其中山垮河、乌马河、三家村 3 条河流在 2014 年达到最大值；4 条河流的 BOD_5 年平均值均在 1.5 mg/L 以下波动，且波动不大。2019—2020 年乌马河断流，未进行监测（附图 8-12）。

8.5 水资源现状

8.5.1 湖泊流域水资源量

泸沽湖流域干湿季分明，6—10 月为雨季，11 月—次年 5 月为旱季，1—2 月有少量雨雪，旱季降水占全年降水的 11%，雨季降水占全年降水的 89%。据《泸沽湖流域水环境保护治理“十三五”规划（2016—2020 年）》，泸沽湖水资源多年平均入湖量为 1.29 亿 m^3/a，湖面蒸发量为 0.6 亿 m^3/a，平均出湖量和耗损水量为 0.593 亿 m^3/a。泸沽湖流域水资源量详见表 8-12。

表 8-12　泸沽湖流域水资源量　　单位：亿 m^3

名称	总入湖量	陆面入湖量	湖面入湖量	湖面蒸发量	平均出湖量和耗损水量
全流域	1.29	0.79	0.5	0.6	0.593
云南境内流域	0.85	0.55	0.3	0.354	0.356（按面积比例核算）

8.5.2 供水状况

泸沽湖以流域界分有无过境河流水源汇入，降水、部分山泉水以及湖内少部分地下水涌出为水源主要补给方式。泸沽湖流域云南境内主要有 5 条入湖河流和 4 条小冲沟，4 条冲沟分别为里格冲沟、尼塞冲沟、小洛水冲沟、肖家湾冲沟（小渔坝河）。5 条入湖河流由北到南分别为大鱼坝河、乌马河、三家村河（幽谷河）、蒗放河、山垮河。入湖河流源近流短，呈现出明显的季节性。泸沽湖四川境内入湖河流中常流河流有 4 条，分别为舍垮河、直普河、母古洛河和大咀河。草海是泸沽湖唯一的出水口，每年 6—10 月，湖水经东侧的大草海及盖祖河排入雅砻江。

在泸沽湖四川境内流域，根据四川的“一湖一策”要求，湖区范围内无取水口，流域内在直普村白草坪设置 2 处取水口，均用作直普自来水厂集中饮用水供水，供水范围为泸沽湖镇及部分村落生活用水，审批取水量为 6.11 万 m^3，实际年取水量约为 6.9 万 m^3。现有供水水厂及供水管网系统设计规模小，等级低，现有水源点水资源利用率低，取水量不能满足规划区用水需求。部分居民及游客用水仍取自泸沽湖及泸沽湖汇流。

泸沽湖云南境内流域人口稀少且分布分散，饮用水水源多为就地分散式取水水源，目前无集中式供水水源。流域内用水以分散式畜禽养殖、流域内耕地灌溉、沿湖居民生活用水以及游客旅游生活用水等为主，流域内无工业用水及可计量的农业用水。目前，泸沽湖沿湖居民用水及旅游用水全部取自泸沽湖及泸沽湖汇流，其中约 20%取自湖水，80%取自山泉水，用水方式较为粗放，取水方式以河流引水及分散式小规模的湖区泵站提水为主，湖区取水方式见附图 8-13。

为保障沿湖村落及旅游集镇的饮水安全，以及避免从泸沽湖中取水，《泸沽湖流域水环境保护治理“十三五”规划（2016—2020 年）》确定要建设宁蒗县泸沽湖女儿国镇供水工程，该工程将从外流域取水。该工程已于 2020 年建成，建成后在加强监管条件下，可杜绝从泸沽湖及泸沽湖汇流取水的情况发生，达到保护泸沽湖库容、保护水环境容量，提升生态环境质量，改善泸沽湖水质的目的。

第 9 章　旅游业状况

9.1　旅游资源状况

泸沽湖风景名胜旅游区是丽江玉龙雪山国家级风景名胜区的重要组成部分，也是省级自然保护区及旅游区。区内既有优美的自然环境，又有丰富的人文景观，摩梭人至今仍然保留着母系大家庭和男不娶、女不嫁的阿夏婚姻。其独特质朴的原始自然美，具有极高的欣赏价值和研究价值。

泸沽湖景区位于大香格里拉旅游圈的东部，景区可由东北方向经四川的木里大寺至亚丁，路程长约 283 km；由西北方向经拉伯、俄牙同至亚丁，路程长约 344 km，由西经拉伯、三江口，建立连接中甸洛吉的道路至香格里拉，路程长约 186 km；由南经奉科、鸣音与丽江相连，路程长约 222 km。依据《泸沽湖省级旅游区总体规划》，泸沽湖旅游区北从尼色若岛，南至三家村沿线，东到泸沽湖省界，西至竹地，总面积为 11.57 km^2。泸沽湖旅游区共分为 5 大区，即综合服务娱乐区、民族接待区、摩梭民俗观光保护区、娱乐活动区和湖边风景游览区。

泸沽湖及其周边地区得天独厚的自然旅游资源与丰厚的历史和民族文化旅游资源相生相伴，众多的人文景观依附自然山水而显得有生气，自然山水景观也因有人文景观的映衬而更有内涵。泸沽湖自然保护区地处宁蒗县北部永宁乡，属横断山系切割山地峡谷区，泸沽湖的湖周群山环绕，高耸屹立，构成了形如马蹄的泸沽湖。特殊的地形地貌，造就了优美的泸沽湖。泸沽湖周边聚居着纳西族（摩梭人）、蒙古族、彝族、藏族、普米族、白族和壮族等少数民族，各民族在民族文化、生活习俗、宗教信仰方面的差异，形成了丰富多彩而又独具特色的少数民族文化，彰显了泸沽湖区域的神秘特质。

泸沽湖自然保护区有着丰富的动植物资源和多种多样的少数民族人文风情，自然旅游资源与人文旅游资源交错融合是泸沽湖自然保护区的特色旅游资源。依据《自然保护区生态旅游规划技术规程》（GB/T 20416—2006），结合 1996 年国务院审定同意的《丽江玉龙雪山风景名胜区总体规划（1990—2010）》、2012 年编制的《丽江玉龙雪山风景名胜区泸沽湖景区详细规划》、2016 年编制的《云南丽江宁蒗泸沽湖片区规划》和 2018 年编制的《云南泸沽湖省级自然保护区总体规划（2020—2029 年）》，将泸沽湖景区的旅游项目规划为泸沽湖山水民俗游览区，格姆山宗教、民族文化体验区，狮子山生态旅游区 3 大区域。按《风景名胜区规划规范》将泸沽湖景区的资源进行分类，结果见表 9-1。

表 9-1 泸沽湖景区的资源分类统计

<table>
<tr><td rowspan="25">自然景源</td><td rowspan="4">天景</td><td>日月星光</td><td>泸沽湖日出、日落景象</td></tr>
<tr><td>虹霞蜃景</td><td>朝霞、晚霞景观</td></tr>
<tr><td>云雾景观</td><td>格姆山云雾、泸沽湖雨雾</td></tr>
<tr><td>冰雪霜露</td><td>冬季山野雪景</td></tr>
<tr><td rowspan="7">地景</td><td>大尺度山地</td><td>高原地貌、湖周山峦群峰</td></tr>
<tr><td>山景</td><td>幽谷</td></tr>
<tr><td>奇峰</td><td>格姆女神山、开基阿沙沙神山、达波则支神山、拖支瓦哈男神山</td></tr>
<tr><td>洞府</td><td>格姆女神山灵洞</td></tr>
<tr><td>蚀余景观</td><td>溶蚀构造</td></tr>
<tr><td>洲岛屿礁</td><td>红崖子半岛、里格象鼻岛、长岛、里务比岛、媳娃娥岛、尼色岛、里格连堤岛</td></tr>
<tr><td>地质珍迹</td><td>洪积冲积扇、湖泊断层</td></tr>
<tr><td rowspan="6">水景</td><td>泉井</td><td>永宁温泉、拖支龙潭、阴阳泉、落水龙潭</td></tr>
<tr><td>溪流</td><td>幽谷小河、落水村溪流、大鱼坝冲沟</td></tr>
<tr><td>江河</td><td>开基河、永宁温泉河</td></tr>
<tr><td>湖泊</td><td>泸沽湖</td></tr>
<tr><td>潭池</td><td>竹地中海子小海子</td></tr>
<tr><td>沼泽滩涂</td><td>竹地草海、泸沽湖草海</td></tr>
<tr><td rowspan="5">生景</td><td>森林</td><td>湖周山林景观、望乡台原始森林</td></tr>
<tr><td>草地草原</td><td>竹地中海子草场、温泉大草地、望乡台高山草甸</td></tr>
<tr><td>珍稀生物（植）</td><td>波叶海菜花、小果垂枝柏、铁杉、红豆杉、杜鹃、野牡丹</td></tr>
<tr><td>珍稀生物（动）</td><td>裂腹鱼、黑颈鹤、白鹤</td></tr>
<tr><td>物候季相景观</td><td>泸沽湖四季景观</td></tr>
<tr><td rowspan="4">人文景源</td><td rowspan="3">建筑</td><td>民居宗祠</td><td>落水村、里格村、小落水、扎实村、阿古瓦、瓦拉别、者波等摩梭村落摩梭木楞房、祖母房、花楼及普米民居、彝族民居</td></tr>
<tr><td>宫殿衙署</td><td>忠实土司府、拖支三老爷官邸</td></tr>
<tr><td>宗教建筑</td><td>扎美喇嘛寺、者波达迦林寺、格姆山女神庙、里务比岛寺庙、玛尼堆</td></tr>
<tr><td>胜迹</td><td>遗址遗迹</td><td>拖支日月和元军遗址、茶马古道重镇皮匠街、媳娃娥岛土司总管别墅、洛克故居</td></tr>
</table>

人文景源	风物	节假庆典	转山节、转海节、牧神节、祭祖节、扎美寺法会
		民族民俗	摩梭母系家庭、走婚风俗
		宗教礼仪	摩梭原始宗教达巴、摩梭成丁礼、婚嫁、殡葬礼仪
		神话传说	格姆女神山传说、泸沽湖传说
		民间文艺	风情歌曲、摩梭打跳、甲蹉舞、寒摆舞
		地方物产	中药材、苏里玛酒、泸沽湖鲜鱼、木雕、皮革制品、民族手工织品、猪膘肉、血米肠、烤全羊、烟熏肉、羊油血肠、豆腐血肠

泸沽湖景区的人文资源和自然旅游资源交互分布；自然景源类型较多且泸沽湖自然环境对外来人类活动具有很强的敏感性；人文景源相对集中；摩梭母系文化是世界级别的独特性旅游资源，其世界性与独特性主要体现在母系家庭组成和民族风情方面。泸沽湖景区资源的单元吸引力是在丰富多样的自然资源基础上形成的独特人文资源。

泸沽湖独特的摩梭文化在旅游业发展过程中正逐渐地商品化、舞台化。泸沽湖景区的游客最想了解和体验的是摩梭人的文化、生活，特别是想了解和体验摩梭母系文化的独特魅力，除了摩梭母系文化，还被生态保护比较完好的泸沽湖所吸引。目前，从游客的行为层次来看，在泸沽湖景区，以游览观光为目的的基础层次游客最多，其次为以文化体验为目的游客。

9.2 旅游接待状况

泸沽湖气候适宜，较少出现极端恶劣天气妨碍交通通行的情况，据实际调查确定的泸沽湖景区可游天数为 350 d。

泸沽湖独特质朴的原始自然美具有极高的欣赏价值和研究价值。泸沽湖旅游管理部门所统计的官方游客数显示，泸沽湖旅游人数多年呈增长态势，不同年份的旅游人数统计情况如图 9-1 所示。

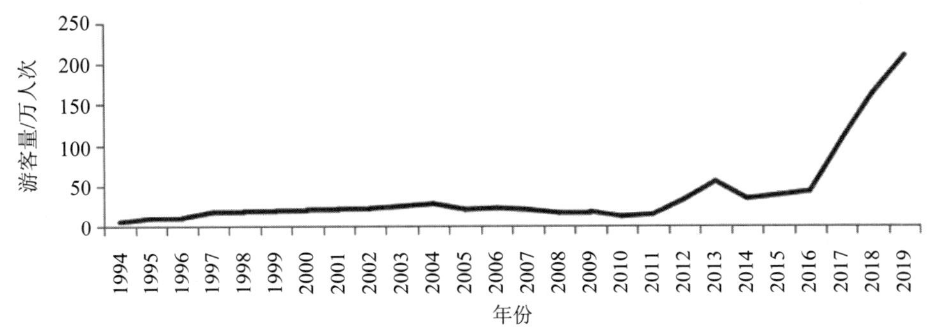

图 9-1 不同年份的旅游人数统计

9.3 旅游业发展规划

根据《丽江市宁蒗县泸沽湖流域控制性环境总体规划（2016—2030 年）》，泸沽湖旅游发展控制规划有近期和远期 2 个目标。

近期发展目标：在保护景观资源的基础上，进一步挖掘、展示摩梭文化的内涵，提高对景观资源的科学利用水平，规范景区的建设、管理水平；严格控制旅游人数的增长，减量开发，通过提升旅游服务档次和提高单次消费比实现旅游收入增长方式从规模型向效益型转变；提供适当规模的旅游服务系统和旅游基础设施；提供多种宣传和解说形式，使游客充分认识、欣赏摩梭文化的内涵和泸沽湖的自然景观价值；严格控制民宿的开发建设，保护湖区、坝区的生态与人文环境；通过有效引导，将游客分流至永宁、竹地、蒗放等片区，弱化大落水片区，以减轻其矛盾。

远期发展目标：泸沽湖作为世界文化遗产的保护地，要扩大其在世界范围的知名度，并使摩梭文化得到完整的保护、传承和发展；对景区资源的保护和利用进入良性循环轨道，并奠定泸沽湖独特的高原生态湖泊地位；拆除环湖 80 m 内的非传统风貌建筑，促进景区社会、经济、环境的全面发展，实现永宁、竹地、蒗放、大落水片区的共同发展，使景区民众都能够享受旅游带来的效益，构建景区社会的和谐发展；“域外集接，域内单一交通”，建设无车旅游小镇。

9.4 旅游业涉及的污染及发展预测

泸沽湖流域云南部分的旅游污水收集处理率为 95%，按原位排放量的 5%折算入湖量，选用住宿、餐饮排污系数分地区核算。参照《第一次全国污染源普查城镇生活源产排污系数手册》（2008 年 3 月），住宿选用二区参考标准、餐饮选用五区参考标准，住宿业产污系数 COD 为 38 g/（床位·d）、TN 为 5.4 g/（床位·d）、NH_3-N 为 3.8 g/（床位·d）、TP 为 0.53 g/（床位·d）、污水为 130 L/（人·d），按逗留 3 d 计，经过化粪池预处理后，住宿业排污系数 COD 为 26.6 g/（床位·d）、TN 为 4.86 g/（床位·d）、NH_3-N 为 3.8 g/（床位·d）、TP 为 0.45 g/（床位·d）、污水为 130 L/（人·d），按逗留 3 d 计；餐饮业产污系数 COD 为 206 g/（餐位·d）、NH_3-N 为 1.43 g/（餐位·d）、TN 为 3.38 g/（餐位·d）、TP 为 0.82 g/（餐位·d）、污水为 0.09 t/（餐位·d），经过化粪池预处理后，餐饮业排污系数 COD 为 144 g/（餐位·d）、NH_3-N 为 1.43 g/（餐位·d）、TN 为 3.04 g/（餐位·d）、TP 为 0.69 g/（餐位·d）、污水为 0.09 t/（餐位·d）。

泸沽湖流域四川部分的旅游污水收集处理率为 50%，按原位排放量的 50%折算入湖量，旅游宾馆消费水平类似城镇，选用住宿、餐饮排污系数分地区核算。参照《第一次全国污染源普查城镇生活源产排污系数手册》（2008 年 3 月），住宿选用二区参考标准、餐饮选用五区参考标准，住宿业产污系数 COD 为 38 g/（床位·d）、TN 为 5.4 g/（床位·d）、NH_3-N 为 3.8 g/（床位·d）、TP 为 0.53 g/（床位·d）、污水为 130 L/（人·d），按逗留 3 d 计，经过化粪池预处理后，住宿业排污系数 COD 为 26.6 g/（床位·d）、TN 为 4.86 g/（床位·d）、NH_3-N 为 3.8 g/（床位·d）、TP 为 0.45 g/（床位·d）、污水为 130 L/（人·d），按逗留 3 d 计；餐饮业产污系数 COD 为 206 g/（餐位·d）、NH_3-N 为 1.43 g/（餐位·d）、TN 为 3.38 g/（餐位·d）、TP 为 0.82 g/（餐位·d）、污水为 0.09 t/（餐位·d），经过化粪池预处理后，餐饮业排污系数 COD 为 144 g/（餐位·d）、NH_3-N 为 1.43 g/（餐位·d）、TN 为 3.04 g/（餐位·d）、TP 为 0.69 g/（餐位·d）、污水为 0.09 t/（餐位·d）。

参照“十二五”规划研究成果，垃圾产生系数为 500 g/（人·d）、COD 为 38 g/（人·d）、TN 为 5.4 g/（人·d）、NH_3-N 为 3.8 g/（人·d）、TP 为 0.53 g/（人·d），排放系数同产生系数。

根据《云南泸沽湖保护治理规划》（2018—2035 年）中有关污染状况的分析结果，泸沽湖流域涉及旅游业现状的污染负荷排放量见表 9-2 至表 9-7。

表 9-2 泸沽湖流域云南部分 2020 年游客生活污水的污染产生量和排放量 单位：t/a

云南部分	产生量					排放量				
	污水量	COD	NH_3-N	TN	TP	污水量	COD	NH_3-N	TN	TP
蒗放村	23 749.35	82.96	2.52	3.98	0.54	23 757.52	81.29	2.12	3.44	0.48
三家村	7 914.52	23.23	0.8	1.25	0.16	7 916.65	22.48	0.66	1.06	0.15
落水村	147 785.78	543.55	15.82	25.18	3.45	147 840.09	534.29	13.35	21.78	3.16
里格村	44 876.77	195.29	5.02	8.15	1.16	44 897.25	193.73	4.26	7.14	1.08
小洛水	44 832.16	93.17	4.3	6.46	0.76	44 839.22	87.47	3.54	5.38	0.66
小计	269 158.6	938.21	28.45	45.03	6.08	269 250.72	919.28	23.93	38.79	5.54

表 9-3 泸沽湖流域云南部分 2025 年游客生活污水的污染产生量和排放量 单位：t/a

云南部分	产生量					排放量				
	污水量	COD	NH_3-N	TN	TP	污水量	COD	NH_3-N	TN	TP
蒗放村	29 923.52	104.52	3.17	5.02	0.67	29 933.81	102.42	2.67	4.33	0.61
三家村	9 972.07	29.27	1.01	1.57	0.21	9 974.76	28.33	0.84	1.34	0.18
落水村	186 205.94	684.86	19.93	31.73	4.34	186 274.38	673.19	16.81	27.45	3.99
里格村	56 543.47	246.06	6.32	10.26	1.47	56 569.28	244.1	5.38	8.99	1.37
小洛水	56 487.26	117.39	5.42	8.15	0.97	56 496.17	110.21	4.45	6.78	0.84
小计	339 132.3	1 182.11	35.84	56.74	7.67	339 248.36	1 158.26	30.15	48.88	6.97

表 9-4 泸沽湖流域云南部分 2035 年游客生活污水的污染产生量和排放量　　单位：t/a

云南部分	产生量					排放量				
	污水量	COD	NH_3-N	TN	TP	污水量	COD	NH_3-N	TN	TP
蒗放村	31 665.39	110.61	3.36	5.31	0.72	31 676.29	108.38	2.83	4.58	0.64
三家村	10 552.55	30.97	1.07	1.66	0.22	10 555.4	29.97	0.89	1.42	0.2
落水村	197 045.12	724.73	21.09	33.58	4.6	197 117.53	712.38	17.8	29.04	4.22
里格村	59 834.91	260.39	6.69	10.86	1.55	59 862.22	258.3	5.68	9.52	1.45
小洛水	59 775.43	124.22	5.74	8.62	1.02	59 784.85	116.62	4.72	7.18	0.89
小计	358 873.43	1 250.92	37.93	60.04	8.11	358 996.25	1 225.69	31.9	51.73	7.38

表 9-5 泸沽湖流域云南部分的游客垃圾污染产生量和排放量　　单位：t/a

年份	产生量					排放量				
	垃圾量	COD	NH_3-N	TN	TP	垃圾量	COD	NH_3-N	TN	TP
2020	1 499.82	113.99	11.40	16.20	1.58	1 499.82	113.99	11.40	16.20	1.58
2025	1 889.73	143.62	14.36	20.41	2.00	1 889.73	143.62	14.36	20.41	2.00
2035	1 999.74	151.98	15.20	21.60	2.11	1 999.74	151.98	15.20	21.60	2.11

表 9-6 泸沽湖流域四川部分的游客生活污水的污染产生量和排放量　　单位：t/a

年份	产生量					排放量				
	污水量	COD	NH_3-N	TN	TP	污水量	COD	NH_3-N	TN	TP
2020	34 269.26	270.87	4.67	8.21	1.38	34 300.83	274.52	4.14	7.52	1.34
2025	30 842.33	243.78	4.20	7.38	1.25	30 870.74	247.07	3.73	6.77	1.20
2035	32 841.37	259.59	4.47	7.87	1.32	32 871.63	263.07	3.97	7.20	1.28

表 9-7 泸沽湖流域四川部分的游客垃圾污染产生量和排放量　　单位：t/a

年份	产生量					排放量				
	垃圾量	COD	NH_3-N	TN	TP	垃圾量	COD	NH_3-N	TN	TP
2020	1 800	136.80	13.68	19.44	1.91	1 800	136.80	13.68	19.44	1.91
2025	1 620	123.12	12.31	17.50	1.72	1 620	123.12	12.31	17.50	1.72
2035	1 725	131.10	13.11	18.63	1.83	1 725	131.10	13.11	18.63	1.83

第 10 章　水环境容量、水资源容量

10.1　水环境承载力研究

本章内容参考云南省生态环境科学研究院《泸沽湖污染物总量控制研究》中“湖体三维水动力-水质响应模拟与水环境容量计算”的研究成果。考虑以下几个因素：当时研究采用的水文条件为最不利的水文条件（特枯年，为 10 年最低水位），安全性高；泸沽湖多年水质变化趋势比较稳定。此外，本书对 2017 年以来泸沽湖的污染源状况进行了较为详细的调查，数据较为完整，因此，本书参考以 2013 年作为水环境容量计算的特征水文负荷条件，校核 2017 年的水环境容量，具有一定的可靠性和实用性。

10.1.1　模型框架

在湖泊生态模型的发展历程中，水动力-水质模型因其对地球化学循环、藻类生长消亡和水动力过程的详尽模拟，以及人们对湖泊富营养控制的迫切需求而在环境管理中得到广泛应用和认可。本模拟技术以环境流体动力学模型（Environmental Fluid Dynamics Code，EFDC）为平台进行模型开发。

EFDC 是由美国国家环境保护局支持，并由美国 Tetra Tech 公司维护开发的，用于模拟湖泊、水库、海湾、湿地和河口等地表水数值的模型软件。EFDC 是一个多任务、高集成的环境流体动力学模块式计算程序包，用于模拟水系统零维、一维、二维和三维环境的水动力-水质模型；也是一个源程序公开的地表水模拟系统，可以系统地模拟水动力、水质、富营养化和沉积物输移的动态变化及其相互影响。

与其他类似模拟系统相比，EFDC 的优点十分明显：①EFDC 具有极强的问题适应能力，根据需要，可以用于零维、一维、二维和三维水环境模拟，目前在河流、湖泊、河口、港湾以及湿地等水环境系统中已经有很多成功的应用实例；②EFDC 成功地在一个集成的体系中解决了水动力、水质、沉积物模型的耦合问题；③EFDC 所采用的数值方法和系统开发方法代表了目前国际上水环境模拟系统开发、研究的主流方向与前沿。

EFDC 的控制方程是一组联立的偏微分方程，包括多种水动力过程、21 个状态变量的水质与富营养化模型及 27 个状态变量的底泥地球化学动力模型。此外，EFDC 还可模拟任意多种泥沙颗粒以及相应的有毒有害物质在水体中的迁移转化及与底泥的交互作用过程。EFDC 模型结构如图 10-1 所示。

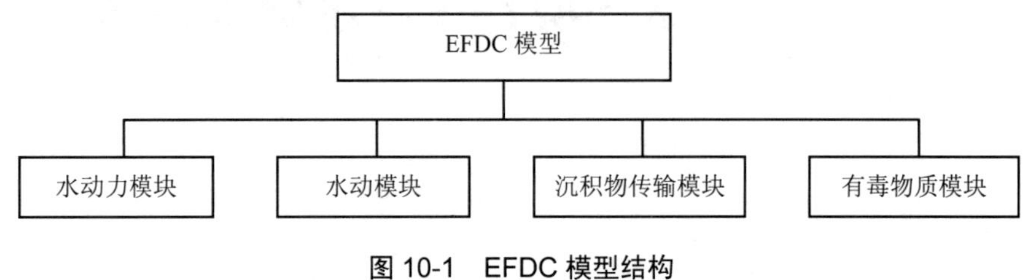

图 10-1 EFDC 模型结构

EFDC 模拟的指标主要有温度、磷、大肠细菌、藻类、盐度、总活性金属、溶解有机物、二氧化硅、泥沙、DO、沉积物、氮以及保守性痕量物质等（表 10-1）。

表 10-1 EFDC 的主要模拟过程与参数

过程	模拟参数
营养物质	硝化率、反硝化率、有氧呼吸 DO 的半饱和浓度、反硝化氮的半饱和浓度、DO 半饱和浓度和硝化氨、颗粒氮磷到溶解有机氮磷的转化率、颗粒态生命物质到可用态硅的转化率、非有机吸附磷与总活性金属的分系数、可用吸附硅与活性金属的分系数、颗粒态有机氮磷与生物硅的沉降速率、代谢及颗粒态与溶解有机、溶解无机氮磷物质捕食中营养分布
常规组分	溶解有机碳的降解率、颗粒碳到有机可溶碳的转化率、颗粒有机态碳的沉降速率、COD 的氧化速率、用于 COD 的半饱和浓度、反应中氧到二氧化碳的转化率、曝气指数
浮游生物与水中附着生物	绿藻及硅藻参数、相应温度的基本代谢率、相应温度的捕食率、最大生产率、藻类最适生长深度、藻类沉降速率、光削减系数、光合作用的饱和光强、藻生物量中氮碳与磷碳比率、藻生物量中碳与叶绿素 a 比率、限制性营养元素（磷）、氮与硅的半饱和浓度、NH_3-N 偏好指数
主要离子	总活性金属沉降速率、厌氧状态下沉积物总活性金属的释放速率、阻止总活性金属从沉积物释放的半饱和 DO 浓度、厌氧状态下总活性金属的溶解性
泥沙迁移	泥沙个体体积、泥沙个体密度、沉降速率、再悬浮过程、沉积临界切应力、再悬浮临界切应力
沉积物	沉积物上层厚度，碳、氮与磷在沉积物中的形态，硝化，反硝化，甲烷氧化、硫氧化反应速率，磷、氮与碳岩化率，可溶性和酸性硫化物，二氧化硅，磷酸盐及 NH_3-N 的分系数，颗粒态硅到可用硅的转化率，悬浮固体、有机颗粒物和藻类的净沉降速率和净掩埋速率，颗粒混合系数，空隙水扩散系数等

10.1.2 模型开发

EFDC 是通用的水动力学-水质模型，适用于任何特定的地表水体或局部水域，通过对所研究水体的物理、化学和生态过程的数值化表征来实现模拟功能。一般而言，开发一个应用于特定水体的 EFDC 是一个多步骤的过程，其中包括网格生成、初始条件配置和边界条件说明、模型校准以及应用等。

1. 网格生成

为了能更精确地代表泸沽湖的湖岸线，在模型的开发中采用了曲线网格法（而非笛卡儿网格）。利用曲线网格的优点是生成的网格可以更好地匹配湖的边界形状，而无须划分太多数量的网络，在保证空间精度的情况下提高了计算效率。网格的生成首先是产生水平断面曲线以离散水体，接下来采用湖泊水下地形数据资料来指定每个横格的深度。整个湖体被水平划分为 103 个网格，其中最小的网格面积约为 0.09 km^2，最大的约为 1.12 km^2。由于泸沽湖是一个深水湖，需要表征光线的垂直变化及在三维空间分辨率内的养分利用变化，因此模型中的水平网格进一步被切成 10 层，从顶部到底部共生成了 1 030 个计算网格来代表整个泸沽湖。

模型的边界条件包括水文边界条件、水质边界条件，以及气象边界条件。各个边界条件的获取方法如下：水文边界条件中的入流是根据本书在泸沽湖的监测数据得到的，由于泸沽湖缺乏出流和水位观测，因此出流数据根据水资源平衡计算中每个季节的估算值确定。气象边界条件包括气温、露点温度、风速、风向、雨量、太阳辐射等。本书采用的是架设在泸沽湖的自动气象站的小时数据，并将其处理成了模型兼容格式的气象边界条件。水质边界条件为水库入流的污染物浓度，在泸沽湖模型中采用本书的观测结果。

2. 模型校验

（1）水温校正

对于淡水水体的水动力-水质模型，几乎所有主要的水质动力学过程都与水温高度相关。水温是模型中最重要的一个校准参数，如果一个模型可以再现观测到的水温，则一般可视为已很好地模拟了流体动力学的物理过程和热量平衡。此外，良好的水温模拟是准确校准水质模型的必需条件。在水位校正确定水平衡后，水温校正将进一步验证泸沽湖水动力模型对湖体的热力学平衡和动力的模拟能力。对于泸沽湖而言，主要的热平衡过程与影响因子包含太阳辐射、气温-水温交换、大气逆辐射、风以及蒸发等。

（2）水质校正

一个针对特定水质系统的水质模型需要以该系统的观测数据进行校验，而后才可以作为决策的辅助工具。在规划中，水质模拟和校准的目的在于通过模型参数的估值实现水质模型的本地化，以反映泸沽湖水质对流域污染物输入的响应过程，进而为下一步的水质预测、预报及总量控制提供定量的分析框架。

水质模型的校准过程要对其中关键的模型参数进行调整，并同时将模型模拟值与水质观测数据进行比较。这个过程将重复很多次，直到模型模拟值能够重现多个水质成分的观测趋势。过程结束时所得到的模型参数值将被作为校准值用于过后的水质管理情景分析中。

由于污染物进入泸沽湖后在垂直方向存在比较强的分异性，因此在进行水环境容量分析时，必须考虑到这一点，再确定合理的水环境容量计算方法。如果将整个水库从表层到底层作为一个整体来计算水环境容量，则会大大高估泸沽湖能够容纳的污染负荷，从而产生风险很高的管理决策。由于水库富营养化的关键因子是在透光层的营养盐含量，因此在这个水层中的营养盐能够直接刺激藻类暴发。基于这个考虑，用于泸沽湖水环境容量计算的水质模型必须在垂向分层，以便充分表示垂直方向上的营养盐迁移转化过程与分异性。在完成水动力-水质模型的开发后，水环境容量的计算则应该以表层水的营养盐浓度为关心点，以获取比较安全的环境容量结果。

10.1.3 水环境容量计算与总量控制分析

在泸沽湖水动力-水质模型被研发并校准后，该模型就可用于分析泸沽湖水质达标的情景方案，计算泸沽湖水环境容量。

1. 设计条件

（1）特征水文负荷条件

水文与负荷是密切相关、不可割裂的整体，两者是非线性的响应关系，一般来说，水量越大，负荷越高。在水环境容量计算时，水文条件是必要条件，河流一般采用 90%保证率、枯水期连续 7 d 的最小流量（建成 7Q10 流量）；水库一般采用近 10 年最低月平均水位相应的蓄水量和死库容的蓄水量确定设计库容，这样的设计保障了水环境容量的安全性。

（2）水质目标

在进行水环境容量计算之前，必须明确地对环境质量标准进行解译。以 TP 为例，虽然《地表水环境质量标准》（GB 3838—2002）规定了Ⅰ类水体的 TP 浓度必须小于或等于 0.01 mg/L，但应该如何解译这个标准，使之与容量计算相匹配则是个因地制宜的问题。对于泸沽湖而言，对这个浓度标准最严格的解译为湖泊表层每天的 TP 浓度都必须小于 0.01 mg/L。另一种比较宽松的解译方案则是湖泊全年表层污染物浓度在 50%的时间里达到标准，即在整个一年里，中值浓度应达到目标浓度的平均浓度。除了以上两种典型的解译方式，还有介于两者之间的解译方案，如全湖每月表层平均浓度，此方案要求泸沽湖表层 TP 浓度每月的平均值小于或等于 0.01 mg/L。显然，对于同样的水质标准，不同的解译方法将导致不同的水环境容量。换言之，对于一个特定水体而言，水环境容量本身不是一个绝对量，而是相对于决策管理风险和技术经济可行性的量。例如，当要求泸沽湖水质超标的风险很小时，第一种环境标准解译方案的环境容量就应该成为决策依据；反之，如果决策者能够容忍一定的水质风险，第二种环境标准解译方案的环境容量就可以作为依据。除上述两种解译方案外，还可能存在一些中间性的解译方案，如允许 5%或 10%的超标率等。这是在决策过程中，通过科研部门与决策管理部门互动后，针对决策管理部门提出的需求而要开展的深入决策支持研究课题。

综上所述，当采用泸沽湖表层 TP 浓度年均值作为标准解释时，泸沽湖的外源性负荷尚未超过其水环境容量；但如果以泸沽湖表层每日 TP 浓度作为标准解译，则外源性负荷已超过其水环境容量。考虑到泸沽湖保护的重要性和敏感性，设计了两个情景来分析泸沽湖水环境容量。情景一：以泸沽湖表层每日污染物浓度作为标准解译，该标准为最严格标准，要求泸沽湖表层的污染物浓度每天都达标，为 100%保证率达标。情景二：以泸沽湖表层 80%时间内污染物浓度作为标准解译，该标准为中间要求，要求泸沽湖表层的污染物浓度在 80%的时间内达标，为 80%保证率达标。

2. 计算结果

情景一：以泸沽湖表层每日污染物浓度都达标，即 100%保证率达标为标准解释，泸沽湖目前的 TP 污染负荷已经远远超过容量要求，需要将入湖负荷在现有基础上削减 50%。该方案要求流域管理部门严格控制流域污染物，绝不允许污染物负荷进一步增加；相反，必须实施流域污染负荷削减工程与管理措施，大幅度削减污染物负荷，从而确保泸沽湖的敏感水层（表层水）在任何时候都能满足 I 类水标准。此方案是对泸沽湖保护最有利的方案，可控制极端营养盐浓度在 I 类水质以下，从而大大降低藻类过多生长的风险，使湖泊水质可持续地保持良好。

情景二：以泸沽湖表层污染物浓度在 80%的时间内达标为标准解释，按泸沽湖表层 TP 污染物浓度中值来评估，TP 入湖负荷需要在现有基础上削减 35%（表 10-2）。

表 10-2　不同情景目标下的水环境容量

污染物	I 类水质目标水环境容量/（t/a）	
	情景一	情景二
TN	304.3	342.3
TP	20.6	26.7
COD	1 178.4	1 325.7

水环境容量是一个随着水文条件、生态条件、水质保护目标等基准条件变化而不同的变量。污染负荷总量核算结果表明，现状入湖污染类型以散养畜禽、农业化肥污染、农村生活污水和水土流失等面源污染为主。此类污染源因受水文条件影响，丰水年面源污染负荷与枯水年差异显著，如果以特征水文负荷年为基础计算得到的水环境容量为指导，则安全性能够得到保障，但可能会导致削减量明显偏大。但从保护泸沽湖水质的角度，采用最严格的水环境容量进行控制为宜，故推荐使用情景二作为总量控制依据。

10.1.4 水环境承载状态评价

TN、TP 和 COD 的水环境容量分别为 342.3 t/a、26.7 t/a 和 1 325.7 t/a，2020 年，TP 超载 3.55 t/a，2025 年和 2035 年在各项规划措施保证的条件下，水环境容量不超载（表 10-3）。

表 10-3 水环境承载状态 单位：t/a

水质指标	TN	承载状态	TP	承载状态	COD	承载状态
水环境容量（Ⅰ类）	342.3	—	26.7	—	1 325.7	—
2020 年入湖通量	247.77	94.53	30.25	−3.55	1 169.4	156.3
2025 年入湖通量	193.44	148.86	25.5	1.2	1 245.23	80.47
2035 年入湖通量	168.48	173.82	22.05	4.65	1 078.4	247.3

10.2 水资源用水预测

10.2.1 需水量预测

1. 耕地需水量预测

流域内主要种植粮食作物，全年粮食作物播种面积达 3 万多亩，占总播种面积的 90%以上，粮食作物主要为玉米、马铃薯、大豆、荞子、燕麦等作物。除粮食作物外，当地还主要出产白瓜子、油菜籽、松茸、香菇等特产。全流域复种指数为 1.81，是以大春为主的农业生产模式，小春期间，大多耕地均处于闲置状态。

根据泸沽湖流域土地利用规划情况及林业、环境规划项目情况，到 2025 年，泸沽湖流域耕地及设施农用地面积将缩减至 0.912 6 km^2。

根据预测，泸沽湖流域的土地利用趋势经过土地流转后，主要作物类型将发生变化，2025—2035 年将均为观光型经果林、观光型花卉和观光型中药等，2025 年的复种指数也将比 2020 年低，降低至 1.32 后将保持至 2035 年（表 10-4）。

表 10-4　泸沽湖流域现状年农作物种植播种面积预测统计　单位：亩

作物类型	2020 年	2025 年	2035 年
玉米	3 801	0	0
荞麦	398.2	0	0
薯类	1 848.01	0	0
花卉、中药	—	1 466	1 466
经果林	—	2 945	2 945
复种指数	1.81	1.32	1.32

注：2025 年的经果林按果类木本地面灌溉定额计算，花卉、中药按果类草本地面灌溉定额计算；2035 年的经果林按果类木本喷灌定额计算，花卉、中药按果类草本喷灌定额计算。

泸沽湖流域各规划水平年的耕地需水量净定额和毛定额预测结果分别见表 10-5 和表 10-6。由表可知，2020 年，泸沽湖流域各水平年的农业净灌溉水量分别为 66.49 万 m^3（P =50%）、74.84 万 m^3（P =75%）、85.48 万 m^3（P =90%）；毛灌溉水量分别为 139.99 万 m^3（P =50%）、157.56 万 m^3（P =75%）、179.96 万 m^3（P =90%）。2025 年，泸沽湖流域各水平年的农业净灌溉水量分别为 69.75 万 m^3（P =50%）、80.03 万 m^3（P =75%）、91.04 万 m^3（P =90%）；毛灌溉水量分别为 146.83 万 m^3（P =50%）、168.47 万 m^3（P =75%）、191.66 万 m^3（P =90%）。2035 年，泸沽湖流域各水平年的农业净灌溉水量分别为 69.74 万 m^3（P =50%）、80.03 万 m^3（P =75%）、91.04 万 m^3（P =90%）；毛灌溉水量分别为 146.83 万 m^3（P =50%）、168.47 万 m^3（P =75%）、191.66 万 m^3（P =90%）。

2. 农村居民生活需水量

根据《室外给水设计规范》（GB 50013—2006）中明确的云南全省处于第二区，居民综合生活用水定额取值范围为 110～180 L/（人·d）。按照《农村生活饮用水量卫生标准》（GB 11730—89）中提出的宁蒗处于第五分区，按龙头安装到户，有洗涤池及淋浴设备，同时计量收费供水的供水前提条件，确定农村人口饮水定额取值范围为 80～120 L/（人·d）。最终充分结合当地生活用水习惯，取生活用水量标准如下：

2020 年、2025 年、2035 年：村落部分 130 L/（人·d）。

2020 年，泸沽湖流域农村居民生活净需水量为 13.58 万 m^3，考虑 15%的管网漏损后，泸沽湖流域农村居民生活毛需水量为 15.98 万 m^3。2025 年，泸沽湖流域农村居民生活净需水量为 14.89 万 m^3，考虑 10%的管网漏损后，泸沽湖流域农村居民生活毛需水量为 16.54 万 m^3。2035 年，泸沽湖流域农村居民生活净需水量为 17.08 万 m^3，考虑 10%的管网漏损后，泸沽湖流域农村居民生活毛需水量为 18.98 万 m^3（表 10-7）。

表 10-5　泸沽湖流域各规划水平年的耕地需水量预测结果（净定额）

单位：万 m^3

作物类型	2020 年			2025 年			2035 年		
	P=50%	P=75%	P=90%	P=50%	P=75%	P=90%	P=50%	P=75%	P=90%
玉米	47.51	53.21	60.82	0	0	0	0	0	0
荞麦	6.97	7.76	8.96	0	0	0	0	0	0
薯类	12.01	13.86	15.71	0	0	0	0	0	0
花卉、中药	0	0	0	43.24	49.11	55.7	43.24	49.11	55.7
经果林	0	0	0	26.5	30.92	35.34	26.5	30.92	35.34
合计	66.49	74.83	85.49	69.74	80.03	91.04	69.74	80.03	91.04

表 10-6　泸沽湖流域各规划水平年的耕地需水量预测结果（毛定额）

单位：万 m^3

作物类型	2020 年			2025 年			2035 年		
	P=50%	P=75%	P=90%	P=50%	P=75%	P=90%	P=50%	P=75%	P=90%
玉米	100.03	112.03	128.03	0	0	0	0	0	0
荞麦	14.67	16.35	18.86	0	0	0	0	0	0
薯类	25.29	29.18	33.07	0	0	0	0	0	0
花卉、中药	0	0	0	91.04	103.38	117.27	91.04	103.38	117.27
经果林	0	0	0	55.79	65.09	74.39	55.79	65.09	74.39
合计	139.99	157.56	179.96	146.83	168.47	191.66	146.83	168.47	191.66

表 10-7 泸沽湖流域农村居民生活需水量预测结果

水平年	农村人口数/万人	农村生活用水定额/[L/（人·d）]	农村生活净需水量/万 m^3	管网漏损率/%	农村生活毛需水量/万 m^3
2020 年	0.31	130.00	13.58	15.00	15.98
2025 年	0.34	130.00	14.89	10.00	16.54
2035 年	0.39	130.00	17.08	10.00	18.98

3. 畜牧业需水量

泸沽湖流域内无规模化养殖场，仅有散养的鸡、猪、牛和羊，根据云南省地方标准《用水定额》，结合现场调查情况，泸沽湖流域散养的猪、牛、羊和家禽用水定额分别为 15 L/（头·d）、45 L/（头·d）、6 L/（只·d）和 0.5 L/（只·d）。泸沽湖流域畜禽养殖的年增长率按−5.0%逐年减少进行预测（表 10-8）：2020 年，泸沽湖流域散养畜禽养殖需水量为 3.68 万 m^3；2025 年，泸沽湖流域散养畜禽养殖需水量为 3.5 万 m^3；2035 年，泸沽湖流域散养畜禽养殖需水量为 3.32 万 m^3。

表 10-8 泸沽湖流域散养畜禽养殖需水定额预测结果

水平年	猪/头	牛/头	羊/只	家禽/只	散养猪需水量/万 m^3	散养牛需水量/万 m^3	散养羊需水量/万 m^3	散养家禽需水量/万 m^3	合计/万 m^3
2020 年	4 399	266	1 163	8 546	2.41	0.44	0.68	0.16	3.69
2025 年	4 179	253	1 105	8 119	2.29	0.42	0.65	0.15	3.51
2035 年	3 971	240	1 049	7 713	2.17	0.39	0.61	0.14	3.31

4. 综合服务业

在各规划水平年的城镇综合服务业需水量预测中，各个行业的接待能力呈现缓慢平稳地增长，各行业用水定额与现状水平年相同。

（1）住宿业

2020 年，泸沽湖流域住宿业需水量为 39.26 万 m^3；2025 年，泸沽湖流域住宿业需水量为 81.91 万 m^3；2035 年，泸沽湖流域住宿业需水量为 49.29 万 m^3（表 10-9）

表 10-9 泸沽湖流域住宿业需水量预测结果

水平年	宾馆数量/间	接待人/（人次/d）	床位数/张	用水规模/（L/人次）	需水量/万 m^3
2020 年	282	2 758	10 648	130	39.26
2025 年	354	4 213	13 368	130	81.91
2035 年	360	3 611	13 400	130	49.29

注：2020 年接待人数参考 2017 年，2025 年和 2035 年接待人数参考 11.5 节。

（2）餐饮业

2020 年，泸沽湖流域餐饮业需水量为 27.18 万 m^3；2025 年，泸沽湖流域餐饮业需水量为 38.81 万 m^3；2035 年，泸沽湖流域餐饮业需水量为 42.08 万 m^3（表 10-10）。

表 10-10　泸沽湖流域餐饮业需水量预测结果

水平年	餐饮店数量	接待能力/（人/a）	接待人数/（人/d）	用水规模/（L/人次）	需水量/万 m^3
2020 年	108	1 006 600	4 658	90	27.18
2025 年	135	1 263 800	4 932	105	39.81
2035 年	140	1 263 800	5 205	111	42.08

（3）综合服务业总需水量

2020 年，泸沽湖流域餐饮业需水量为 66.44 万 m^3；2025 年，泸沽湖流域餐饮业需水量为 121.72 万 m^3；2035 年，泸沽湖流域餐饮业需水量为 91.37 万 m^3（表 10-11）。

表 10-11　泸沽湖流域综合服务业需水量预测结果　　单位：万 m^3

水平年	综合服务需水量
2020 年	66.44
2025 年	121.72
2035 年	91.37

5. 鱼塘需水量

据调查，2020 年，泸沽湖流域云南部分无规模化水产养殖企业共有 44.8 亩鱼塘。由于泸沽湖流域鱼塘需水量在预测过程中缺乏可靠的预测依据，因此按需水量维持现状考虑，即各规划水平年鱼塘需水量为 0.074 万 m^3。

6. 需水量预测汇总

根据分析上述预测结果得出，泸沽湖流域 2020 年各行业的平水年总需水量为 226.17 m^3，枯水年总需水量为 243.74 万 m^3，特枯水年总需水量为 266.14 万 m^3；2025 年各行业的平水年总需水量为 288.67 万 m^3，枯水年总需水量为 310.31 万 m^3，特枯水年总需水量为 333.50 万 m^3；2035 年各行业的平水年总需水量为 260.56 万 m^3，枯水年总需水量为 282.20 万 m^3，特枯水年总需水量为 305.39 万 m^3（表 10-12）。

表 10-12　泸沽湖流域各行业需水量预测汇总　单位：万 m^3

水平年	保证率	农业灌溉	综合服务业需水量	农村居民生活需水量	畜牧业需水量	鱼塘需水量	合计
2020	*P* =50%	139.99	66.44	15.98	3.69	0.074	226.17
	P =75%	157.56	66.44	15.98	3.69	0.074	243.74
	P =90%	179.96	66.44	15.98	3.69	0.074	266.14
2025	*P* =50%	146.83	121.72	16.54	3.51	0.074	288.67
	P =75%	168.47	121.72	16.54	3.51	0.074	310.31
	P =90%	191.66	121.72	16.54	3.51	0.074	333.50
2035	*P* =50%	146.83	91.37	18.98	3.31	0.074	260.56
	P =75%	168.47	91.37	18.98	3.31	0.074	282.20
	P =90%	191.66	91.37	18.98	3.31	0.074	305.39

7. 需水量预测结果合理性分析

泸沽湖流域需水量预测结果合理性分析见表 10-13。由表可知，从总需水量来看，2020 年的需水量为 243.62 万 m^3，2025 年的需水量为 310.23 万 m^3，年平均递增率为 27.31%，2035 年的需水量为 282.14 万 m^3，年平均递增率为−9.05%；从农业灌溉需水来看，2020 年的需水量为 157.56 万 m^3，2025 年的需水量为 168.47 万 m^3，年平均增长率为 6.92%，2035 年的需水量同 2025 年。泸沽湖流域经过土地流转后，主要作物类型将发生变化，2025—2035 年将均为观光型经果林、花卉和中药等。

随着社会经济的发展，综合服务业、农村居民生活用水在 2020—2035 年将均保持逐年增加的趋势。在合理控制旅游人口井喷式增长的同时，年均增长率将较为平缓，至 2035 年，也严格控制旅游人数的情况下，综合服务用水将相对减少。

表 10-13　泸沽湖流域需水量预测结果合理性分析（*P* =75%）

项目	2020 年	2025 年	2035 年
农业灌溉/万 m^3	157.56	168.47	168.47
年均增长率/%	—	6.92	0
综合服务业需水/万 m^3	66.4	121.72	91.37
年均增长率/%	—	83.31	−24.93
农村居民生活需水/万 m^3	15.98	16.54	18.98
年均增长率/%	—	3.50	14.75
畜牧业需水/万 m^3	3.68	3.5	3.32
年均增长率/%	—	−4.89	−5.14
合计/万 m^3	243.62	310.23	282.14
年均增长率/%	—	27.31	−9.05

10.2.2 供水量预测

流域内无工业用水及可计量的农业用水，用水方式较为粗放，取水方式以河流引水及分散式小规模的湖区泵站提水为主。

根据宁蒗县水务局提供的数据，现状总供水量约为 255.5 万 m^3，以流域内耕地灌溉、分散式畜禽养殖、沿湖居民生活用水以及游客旅游生活用水等为主。

《泸沽湖流域水环境保护治理“十三五”规划》确定了要建设宁蒗县泸沽湖女儿国镇供水工程。该工程从木底箐水库设置取水口，在水库坝顶东侧新建一个 500 m^3 的取水调节池，并配套建设管径为 DN 500 的原水输水管线 9 420 m，日输水规模为 2.22 万 m^3；在拖枝村建设一座净水厂，按 2.0 万 m^3/d 的规模统一规划设计，并分期实行，本期工程（2020 年）按 1.0 万 m^3/d 的规模设计实施，占地面积为 17.72 亩；沿现状公路铺设主输水管 17 000 m，配水管的供水管道为 42 km，输水管网按 2.0 万 m^3/d 的规模规划设计实施。据《宁蒗县泸沽湖女儿国镇供水工程可行性研究报告》批复（丽发改社会〔2017〕420 号）可知，该工程取水规模为 2.20 万 m^3/d，供水规模为 2.0 万 m^3/d，集中供水服务人口数为 5.3 万人（表 10-14）。

表 10-14　泸沽湖流域拟建水资源工程汇总

时间	工程名称	主要建设内容	工程效益
2020 年	宁蒗县泸沽湖女儿国镇供水工程	针对景区供水不足，居民和经营户湖中取水饮用严重影响入湖补给水量问题，实施宁蒗县泸沽湖女儿国镇供水工程，供水规模为每天 20 000 m^3，配套建设供水管道为 42 km，集中供水服务人口数为 5.3 万人	解决部分入湖补给水量问题，每年对泸沽湖补水 730 万 m^3

根据以上分析，泸沽湖规划水平年可供水量仅有宁蒗县泸沽湖女儿国镇供水工程（仅供流域内居民和旅游人口生活使用）的设计供水量（表 10-15）。

表 10-15　泸沽湖流域规划水平年可供水量汇总　　单位：万 m^3

水平年	可供水量
2020 年	730
2025 年	730
2035 年	730

10.2.3　水资源供需平衡

水资源供需平衡分析是在供水及需水的基础上，分析不同保证率下来水与需水的协调程度。本次对泸沽湖流域分别分析平水年（P =50%）、枯水年（P =75%）、特枯水年（P =90%）的供水和需水，由此得到泸沽湖流域水资源供需平衡结论。泸沽湖流域规划水平年水资源量供需关系见表 10-16 及图 10-2。

表 10-16　泸沽湖流域规划水平年水资源量供需平衡表

水平年	保证率	需水量/万 m^3	可供水量/万 m^3	缺水量/万 m^3	缺水率/%
2020 年	P =50%	226.16	730	0	0
	P =75%	243.73	730	0	0
	P =90%	266.13	730	0	0
2025 年	P =50%	288.66	730	0	0
	P =75%	310.3	730	0	0
	P =90%	333.49	730	0	0
2035 年	P =50%	260.57	730	0	0
	P =75%	282.21	730	0	0
	P =90%	305.4	730	0	0

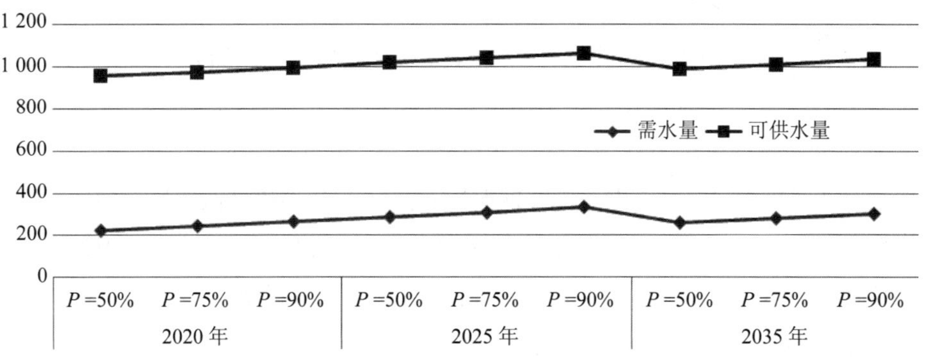

图 10-2　泸沽湖流域规划水平年水资源量供需关系

根据宁蒗县泸沽湖女儿国镇供水建设项目初步设计说明书，泸沽湖流域供水来源为木底箐水库，水库设计总库容为 2 780 万 m^3，属于中型水库。木底箐水库除供泸沽湖女儿国镇供水外，还供拖邑水厂取水，现状年取水量为 401.5 万 m^3，占水文保证率为 95%下水库本区年来水量（2 780 万 m^3）的 14.44%；2035 年的年取水量为 803 万 m^3，占水文保证率为 95%下水库可供水量（2 780 万 m^3）的 28.89%。如果能保证木底箐水库水量，则建议对泸沽湖河湖生态进行适当补水。

2020 年，当 P =50%时，流域生产生活需水量为 226.16 万 m^3，可供水量为 730 万 m^3；当 P =75%时，流域生产生活需水量为 243.73 万 m^3，可供水量为 730 万 m^3；当 P =90%时，流域生产生活需水量为 266.13 万 m^3，可供水量为 730 万 m^3。

根据泸沽湖 2020—2035 年的拟建项目，未设置增加流域引水调水等补水能力的水资源工程项目，预计至 2035 年，将均保持现在的泸沽湖女儿国镇供水工程。到 2025 年，当 P =50%时，流域生产生活需水量将为 288.66 万 m^3，可供水量将为 730 万 m^3；当 P =75%时，流域生产生活需水量将为 310.3 万 m^3，可供水量将为 730 万 m^3；当 P =90%时，流域生产生活需水量将为 333.49 万 m^3，可供水量将为 730 万 m^3。可见，在不同保证率下，流域的可供水量均大于需水量，可保持水资源的供需平衡。

到 2035 年，当 P =50%时，流域生产生活需水量将为 260.57 万 m^3，可供水量将为 730 万 m^3；当 P =75%时，流域生产生活需水量将为 282.21 万 m^3，可供水量将为 730 万 m^3；当 P =90%时，流域生产生活需水量将为 305.4 万 m^3，可供水量将为 730 万 m^3。可见，在不同保证率下，流域的可供水量均大于需水量，可保持水资源的供需平衡。

10.3 水资源承载力

10.3.1 水资源量评价

水资源承载力是指湖泊区域可利用水资源量能持续支撑的人口数量。随着泸沽湖旅游业的逐步扩大，当地居民及游客需水量不断攀升。泸沽湖生态环境脆弱，湖泊补给量少，泸沽湖及其入湖河流作为流域主要供水水源，存在环境风险。

根据《四川省泸沽湖一湖一策管理保护方案》，泸沽湖流域四川境内的泸沽湖湖区范围内无取水口，流域内在直普村白草坪设置 1#、2#溶洞水取水口 2 处，均用作直普自来水厂集中饮用水供水，供水范围为泸沽湖镇及部分村落的生活用水，审批取水量为 6.11 万 m^3，实际年取水量约为 6.9 万 m^3。现有供水水厂及供水管网系统的设计规模小、等级低，现有水源点水资源利用率低，取水量不能满足规划区用水需求，大部分居民及游客用水仍取自泸沽湖及泸沽湖汇流。

泸沽湖流域云南境内人口稀少且分布分散，《泸沽湖流域水环境保护治理“十三五”规划》确定了要建设宁蒗县泸沽湖女儿国镇供水工程。据《宁蒗县泸沽湖女儿国镇供水工程可行性研究报告》批复可知，该工程取水规模为 2.20 万 m^3/d，供水规模为 2.0 万 m^3/d，集中供水服务人数为 5.3 万人。流域内用水以分散式畜禽养殖、流域内耕地灌溉、沿湖居民生活用水以及游客旅游生活用水等为主，流域内无工业用水及可计量的农业用水。

流域多年平均水资源总量为 6 700 万 m^3，人均水资源量为 4 223 m^3，水资源丰沛。

10.3.2　水资源开发强度评价

流域内供水设施简易，入湖径流简易取水占 80%、湖泊直接取水占 20%，为了支持湖区旅游业的发展，泸沽湖实施了宁蒗县泸沽湖女儿国镇供水工程，该工程的服务范围为泸沽湖景区及永宁乡，从木底箐水库外流域引水，取水规模为 2.20 万 m^3/d，供水规模为 2.0 万 m^3/d，在拖枝村建设一座净水厂（拖邑水厂），根据可研批复和供水规模复核的结论，本工程拖邑水厂的设计规模为现状（2015—2020 年）1.0 万 m^3/d，2035 年（2021—2030 年）2.0 万 m^3/d。据《宁蒗县泸沽湖女儿国镇供水建设项目初步设计说明书》，拖邑水厂项目的现状年取水量为 401.5 万 m^3，占 95%水文保证率下水库本区年来水量（2 780 万 m^3）的 14.44%；2035 年的年取水量为 803 万 m^3，占 95%水文保证率下水库年来水量（2 780 万 m^3）的 28.89%，取水的可靠性较高。2020 年满足生产生活所需的实际用水量约为 507.41 万 m^3，水资源开发利用强度为 7.5%，属低度压力。

10.3.3　水资源利用适宜性评价

湖泊的水位和蓄水量多年来均依靠自然调节，入湖河道流程短、季节性明显，地理位置偏远，人口密度较低，没有工业，用水需求低，水资源量对当地社会经济发展不构成威胁。随着湖区旅游业的发展，2020 年泸沽湖已建成宁蒗县泸沽湖女儿国镇供水工程，实现了从木底箐水库外流域引水 730 万 m^3/a，除永宁乡供水量外，还可供流域及周边生产生活和旅游发展的用水量达 554.4 万 m^3/a，解决了向泸沽湖及其流域取水的问题，实现了进一步保护泸沽湖水资源的目的。

第 11 章　旅游容量测算

11.1　水环境容量限制下的旅游容量

11.1.1　以水环境容量为限制因子

目前，泸沽湖总体处于 I 类水质状态，湖泊生态结构尚合理，但向富营养化湖泊转变的风险较大。流域当前面临的主要问题是面源污染物的产出过大、面源污染的 TP 排放量过高，本书参考《泸沽湖污染物总量控制研究》中关于“湖体三维水质-水动力响应模拟与水环境容量计算”的研究成果，对泸沽湖的水环境容量承载力进行核算。《泸沽湖污染物总量控制研究》中关于水环境容量的研究结果分两种情景：情景一，以泸沽湖表层每日污染物浓度都达标，即 100%保证率达标为标准解译，TN、TP 和 COD_{Cr} 的水环境容量分别为 304.3 t/a、20.6 t/a 和 1 178.4 t/a；情景二，以泸沽湖表层污染物浓度在 80%的时间内达标，即 80%保证率达标为标准解译，按泸沽湖表层 TP 污染物浓度中值来评估，TN、TP 和 COD_{Cr} 的水环境容量分别为 342.3 t/a、26.7 t/a、1 325.7 t/a。

1. 核算依据

（1）生活污水

据实际调查分析，2020 年，泸沽湖流域云南部分的生活污水收集处理率为 95%，按排放量的 5%折算入湖量，四川部分的生活污水收集处理率为 50%，按排放量的 50%折算入湖量；2025 年，泸沽湖流域云南部分的村落生活污水收集处理率同 2020 年，四川部分的村落生活污水收集处理率为 90%，按排放量的 10%折算入湖量；2035 年，泸沽湖流域云南部分和四川部分的村落生活污水收集处理率均为 98%，按排放量的 2%折算入湖量。

（2）农村生活垃圾

据实际调查分析，2020 年，泸沽湖流域云南部分的生活垃圾处理率为 90%，按排放量的 50%折算入湖量；四川部分的农村生活垃圾处理率为 80%，按排放量的 50%折算入湖量；2025 年，泸沽湖流域云南部分的生活垃圾处理率为 95%，按排放量的 50%折算入湖量；四川部分的农村生活垃圾处理率为 90%，按排放量的 50%折算入湖量；2035 年，泸沽湖流域云南部分和四川部分的生活垃圾收集处理率为 95%，按排放量的 10%折算入湖量。

2. 情景一（最严格控制的水环境容量）

2020 年，泸沽湖全流域的污水与固体废物收集处理率同现状年，2035 年将提高至 90%以上，非旅游污染预测参考《云南泸沽湖保护治理规划》（2018—2035 年）。2020 年和 2025 年没有旅游发展容量，2035 年的旅游 TP 允许入湖量将为 1.25 t/a，日最大游客数将为 6 620 人，年最大游客数将为 77.239 万人/a（景区可游天数取 350 d，游客停留时间按 3 d 计），见表 11-1。

表 11-1　情景一水环境容量游客承载力

指标	2020 年	2025 年	2035 年
TP 水环境容量/（t/a）	20.6	20.6	20.6
非旅游 TP 入湖负荷/（t/a）	25.32	22.35	19.35
旅游 TP 允许入湖量/（t/a）	0	0	1.25
四川最大日游客数/人	0	0	2976
云南最大日游客数/人	0	0	3644
四川最大年游客数/万人	0	0	34.722
云南最大年游客数/万人	0	0	42.517
年最大游客总数/万人	0	0	77.239

3. 情景二（相对宽松的水环境容量）

2020 年，泸沽湖全流域的污水与固体废物收集处理率同现状年，2035 年将提高至 90%以上，非旅游污染预测参考《云南泸沽湖保护治理规划》（2018—2035 年）。2020 年、2025 年和 2035 年的最大游客数分别为 77.79 万人、267.8 万人和 452.47 万人（景区可游天数取 350 d，游客停留时间按 3 d 计），见表 11-2。

表 11-2　情景二水环境容量游客承载力

指标	2020 年	2025 年	2035 年
TP 水环境容量/（t/a）	26.7	26.7	26.7
非旅游 TP 入湖负荷/（t/a）	25.32	22.35	19.35
旅游 TP 允许入湖量/（t/a）	1.38	4.35	7.35
四川最大日游客数/人	2 003	10 400	17 500
云南最大日游客数/人	4 656	12 554	21 283
四川最大年游客数/万人	23.365	121.337	204.167
云南最大年游客数/万人	54.325	146.463	248.303
年最大游客总数/万人	77.691	267.800	452.470

4．小结

最严格控制的水环境容量对旅游容量具有较强的约束力，但是最严格控制的水环境容量与现实差距较大，不具有可操作性，推荐 2020 年和 2025 年用相对宽松的水环境容量对旅游容量进行约束，2035 年用最严格控制的水环境容量进行约束。

11.1.2 以污水处理能力为限制因子

经预测，2020 年泸沽湖流域常住总人口为 16 275 人，其中云南片区为 3 129 人，四川片区为 13 146 人。泸沽湖现有 2 个污水处理厂，分别为云南片区的竹地污水处理厂，其设计能力为 4 000 m^3/d（包括“十二五”期间扩建了 2 000 m^3/d 处理设施），四川片区的母支污水处理厂，其设计能力为 5 000 m^3/d（原设计能力为 1 000 m^3/d，2019 年扩建为 5 000 m^3/d）。由于泸沽湖流域存在雨季及旅游旺季污水处理设施超负荷运行的情况，因此泸沽湖在永宁新建了泸沽湖第二污水处理厂，其日处理能力 1 万 m^3，并配套建设了污水收集管网 60 km，建设期限为 2019—2021 年。

流域内污水经收集处理后排至外流域。对于游客用水量，采用宾馆床位综合用水指标法，即旅游散客（不住宿的游客）、宾馆等旅游设施及旅游服务人员的用水均摊在宾馆每张床位的用水量上。游客人均综合用水量指标按《室外给水设计规范》《建筑给水排水设计规范》（GB 50015—2003）等以及当地用水的实际情况和未来发展趋势，参照《风景名胜区总体规划标准》取 400 L/（床·d）。参照《第一次全国污染源普查城镇生活源产排污系数手册》（2008 年 3 月），污水量按 92%的排水系数推算；餐饮选用五区参考标准，餐饮业污水为 0.09 t/（餐位·d）；常住居民产排污系数选取四区三类地区居民产排污系数核算，取污水为 130 L/（人·d）。

据泸沽湖景区污水处理设施承载量核算，泸沽湖景区 2020 年可支撑的最大游客数为 535.280 万人/a，2025 年可支撑的最大游客数为 529.996 万人/a，2035 年可支撑的最大游客数为 519.388 万人/a，见表 11-3。

表 11-3 污水处理设施承载量

指标	2020 年		2025 年		2035 年	
	云南省	四川省	云南省	四川省	云南省	四川省
居民数	3 129	13 146	3 376	14 181	3 871	16 260
居民日污水量/m^3	406.77	1 708.98	438.88	1 843.53	503.23	2 113.8
污水厂日处理量/m^3	4 000	5 000	4 000	5 000	4 000	5 000
污水厂年服务游客数/万人	113.916	104.335	112.898	100.069 2	110.858	91.501
小计	218.251		212.967		202.359	

指标	2020 年		2025 年		2035 年	
	云南省	四川省	云南省	四川省	云南省	四川省
永宁污水处理厂处理污水量/m^3	10 000		10 000		10 000	
永宁污水厂年服务游客数/万人	317.029		317.029		317.029	
总计	535.280		529.996		519.388	

11.1.3　以固体废物处理能力为限制因子

目前泸沽湖景区已建成垃圾填埋场 1 座，工艺采用的是卫生填埋，场址位于宁蒗县泸沽湖中海子与小海子之间，距泸沽湖风景区 5 km，处于泸沽湖外流域；垃圾填埋场总容积为 32.8 万 m^3，设计有效库容为 27 万 m^3，设计使用年限为 26 年；库区采用人工水平防渗，考虑泸沽湖蒸发量较降雨量大，渗滤液处理采用了回喷工艺，并设置有 2 500 m^3 的调节池 1 座；项目实施主体为景区管委会，项目建成投产于 2008 年，按垃圾填埋场设计年限，其将可以使用到 2023 年，目前已经接近满仓。主要原因一方面是大量的游客带来的增量垃圾；另一方面是进入填埋场的垃圾未进行有效的压实处理，缩短了近一半的使用寿命。泸沽湖四川片区沿湖生活垃圾由垃圾收运车每日收集后运至盐源县垃圾处理厂，目前泸沽湖垃圾处理厂仅处理云南片区的垃圾。针对垃圾填埋场现已基本满仓的情况，需要对垃圾填埋场进行封场处理，并新建 35 t/d 垃圾减量化装置，实现垃圾减量化处理；新建 1 座垃圾填埋场，有效库容为 5 万 m^3，服务年限为 20 年，建设期限为 2019—2021 年。

根据《云南省农村生活垃圾治理及公厕建设行动方案》（云政办发〔2016〕82 号）相关指标可知，2016 年 50%的村庄生活垃圾得到了有效治理；2017 年、2018 年、2019 年和 2020 年生活垃圾得到有效治理的村庄比例分别为 60%、80%、90%和 95%以上。据实际调查分析，2019 年泸沽湖流域云南部分的生活垃圾收集处理率为 90%；2020 年泸沽湖流域云南部分的村庄生活垃圾收集处理率按 90%计，2025 年和 2035 年按 95%计；旅游垃圾收集率均按 100%计。

参考《泸沽湖垃圾减量化及填埋场建设处置工程可行性研究报告》中关于泸沽湖景区外村落的垃圾产量内容可知，2020 年的村落人均垃圾产生率为 0.6 kg/（人·d），2025 年和 2035 年的村落人均生活垃圾产生率可取 0.7 kg/（人·d）。泸沽湖景区内村落的人均生活垃圾日产量取 1.1 kg/（人·d）；据问卷调查结果，预计约 80%的游客需要住宿，其中住宿游客人均生活垃圾产量为 1.1 kg/d，无住宿游客为 0.4 kg/d。

根据泸沽湖景区固体废物承载量核算结果，泸沽湖景区 2020 年可支撑的最大游客数为 262.672 万人/a，2025 年可支撑的最大游客数为 226.840 万人/a，2035 年可支撑的最大游客数为 220.802 万人/a，见表 11-4。

表 11-4　泸沽湖景区固体废物承载量核算结果

<table>
<tr><th colspan="3">指标</th><th>2020 年</th><th>2025 年</th><th>2030 年</th></tr>
<tr><td rowspan="9">云南片区</td><td rowspan="2">村落人口/人</td><td>景区外居民</td><td>18 152</td><td>18 703</td><td>19 271</td></tr>
<tr><td>景区内居民</td><td>3 620</td><td>3 729</td><td>3 843</td></tr>
<tr><td colspan="2">村落垃圾收集率/%</td><td>90</td><td>95</td><td>95</td></tr>
<tr><td colspan="2">村落垃圾收集量/（t/d）</td><td>13.39</td><td>16.33</td><td>16.83</td></tr>
<tr><td colspan="2">旅游垃圾收集率/%</td><td>100</td><td>100</td><td>100</td></tr>
<tr><td colspan="2">旅游垃圾适宜收集量/（t/d）</td><td>21.61</td><td>18.67</td><td>18.17</td></tr>
<tr><td colspan="2">日游客数/人</td><td>22 515</td><td>19 443</td><td>18 926</td></tr>
<tr><td colspan="2">年游客数/万人</td><td>262.672</td><td>226.840</td><td>220.802</td></tr>
<tr><td colspan="5">沿湖生活垃圾由垃圾收运车每日收集后运至盐源县垃圾处理厂，景区固体废物承载量忽略不计</td></tr>
</table>

注：村落人口预测参考《泸沽湖垃圾减量化及填埋场建设处置工程可行性研究报告》。

11.1.4　综合生态环境容量下的旅游容量

生态环境容量的各分量遵循木桶原理法，根据泸沽湖水环境容量、污水处理设施承载力及固废处理设施承载力核算结果，泸沽湖景区生态环境容量的主要限制因子为水环境容量，景区 2020 年可支撑的最大游客数为 77.691 万人/a，2035 年可支撑的最大游客数为 267.8 万人/a，2030 年可支撑的最大游客数为 452.47 万人/a。

11.2　水资源容量限制下的旅游容量

11.2.1　以用水量为限制因子

（1）综合生活用水量

常住居民产排污系数依据《第一次全国污染源普查城镇生活源产排污系数手册》选取四区三类地区居民产排污系数核算，取污水为 130 L/（人·d）。对于游客用水量，采用宾馆床位综合用水指标法，即旅游散客（无住宿的游客）、宾馆等旅游设施及旅游服务人员的用水均摊在宾馆每张床位的用水量上。游客人均综合用水量指标按《室外给水设计规范》以及当地用水的实际情况和未来发展趋势，参照《风景名胜区总体规划标准》取 400 L/（床·d）。

（2）工业用水量

永宁乡被定性为农业小镇，农业发展兼顾生态旅游业，工业用水量不会在现状基础上过大增加。女儿国镇被定性为旅游小镇，旅游发展兼顾生态工业，依据女儿国镇的经济发展战略目标，工业企业生产用水将占较小的比例，女儿国镇不考虑工业用水量，因此，综合考虑供水片区的工业用水量后，2020 年、2025 年和 2035 年的工业用水量取生活用水量的 8%。

（3）公共建筑用水量

综合考虑当地的实际情况，本工程的公共建筑用水量 2020 年和 2025 年取前述（1）、（2）项之和的 5%，2035 年取前述（1）、（2）项之和的 3%。

（4）管网漏损水量

随着城市经济的发展和城市供水管道材料的不断改进，以及供水管网查漏仪器设备的不断更新和管理水平的提高完善，管网漏损率将不断下降。根据《室外给水设计规范》的规定，结合本项目供水压力不大，城区和配水管道均为新建，漏损水量不大等实际情况，2020 年、2025 年和 2035 年的管网漏损水量按上述（1）、（2）、（3）项之和的 10%计算。

（5）未预见水量

随着我国城市化进程的不断加快和人民生活水平的不断提高，未预见因素较多，用水量也在不断增大。根据《室外给水设计规范》中的相关规定，并结合实际，管网未预见水量 2020 年、2025 年按上述 4 项之和的 8%计算，2035 年按上述 4 项之和的 12%计算。

11.2.2 综合水资源承载力下的旅游容量

宁蒗县泸沽湖女儿国镇供水工程的服务范围为泸沽湖景区及永宁乡，除去永宁乡需水量及泸沽湖景区居民需水量，即泸沽湖景区游客供水量，经计算，可用于泸沽湖流域游客的水资源量现状为 425.57 万 m^3/a、2025 年为 325.13 万 m^3/a、2035 年为 264.03 万 m^3/a，相应可支撑的日最大游客数量分别为 10 133 人、9 449 人、9 119 人，景区可游天数取 350 d，游客停留时间按 3 d 计，2020 年、2025 年、2035 年可支撑的最大游客数量分别为 354.64 万人、330.73 万人、319.15 万人，见表 11-5 至表 11-7。

表 11-5 泸沽湖景区用水量预测

指标	2020 年			2025 年			2035 年		
	指标/[L/（人·d）]	人口/人	用水量/（m^3/d）	指标/[L/（人·d）]	人口/人	用水量/（m^3/d）	指标/[L/（人·d）]	人口/人	用水量/（m^3/d）
居民综合用水量（Q1）	130	3 129	406.77	130	3 376	438.88	130	3 871	503.23
工业用水量（Q2）	Q1×8%	—	0	Q1×8%	—	0	Q1×8%	—	0
公共建筑用水量（Q3）	（Q1+Q2）×5%	—	20.34	（Q1+Q2）×3%	—	13.17	（Q1+Q2）×3%	—	15.10
管网漏损水量（Q4）	（Q1+Q2+Q3）×10%	—	42.71	（Q1+Q2+Q3）×10%	—	45.21	（Q1+Q2+Q3）×10%	—	51.83
未预见水量（Q5）	（Q1+Q2+Q3+Q4）×8%	—	37.59	（Q1+Q2+Q3+Q4）×12%	—	59.67	（Q1+Q2+Q3+Q4）×12%	—	68.42
合计	—	—	507.41	—	—	556.92	—	—	638.58

表 11-6 永宁乡用水量预测

指标	2020 年			2025 年			2035 年		
	指标/[L/（人·d）]	人口/人	用水量/（m^3/d）	指标/[L/（人·d）]	人口/人	用水量/（m^3/d）	指标/[L/（人·d）]	人口/人	用水量/（m^3/d）
居民综合用水量（Q1）	130	3.7	4 810	130	3.77	4 901	130	3.92	5 096
工业用水量（Q2）	Q1×8%	—	604.64	Q1×8%	—	717.12	Q1×8%	—	746.8
公共建筑用水量（Q3）	（Q1+Q2）×5%	—	387.79	（Q1+Q2）×3%	—	277.27	（Q1+Q2）×3%	—	287.4
管网漏损水量（Q4）	（Q1+Q2+Q3）×10%	—	814.37	（Q1+Q2+Q3）×10%	—	951.95	（Q1+Q2+Q3）×10%	—	986.6
未预见水量（Q5）	（Q1+Q2+Q3+Q4）×8%	—	716.64	（Q1+Q2+Q3+Q4）×12%	—	1 256.57	（Q1+Q2+Q3+Q4）×12%	—	1 302.3
合计	—	—	7 333.44	—	—	8 103.91	—	—	8 419.1

注：计算方法参考宁蒗县泸沽湖女儿国镇供水工程需水预测。

表 11-7 泸沽湖综合水资源承载力下的旅游容量预测

指标	2020 年		2025 年		2035 年	
其他需水/（m^3/d）	景区	永宁乡	景区	永宁乡	景区	永宁乡
	507.41	7 333.44	556.92	8 103.91	638.58	8 419.1
小计/（m^3/d）	7 840.85		8 660.83		9 057.68	
游客供水量/（m^3/d）	12 159.16		11 339.17		10 942.32	
游客用水单量/m^3	0.4		0.4		0.4	
日最大游客数/人	10 133		9 449		9 119	
年最大游客数/万人	354.64		330.73		319.15	

11.3 旅游资源空间容量

根据《丽江玉龙雪山风景名胜区总体规划（1990—2010）》，泸沽湖的游览区有泸沽湖山水民俗游览区、格姆山游览区、温泉游览区和望乡台游览区 4 个，总面积为 42.6 km^2，这 4 个游览区又可细分为里务比岛、媳娃娅岛、红崖子、环湖步行游览线、竹地步行游览线、格姆山步行游览线、三家村至望乡台登山游览线、湖区、落水摩梭文化展示点、里格摩梭文化展示点 10 个景点。

按 1998 年 11 月 27 日四川省凉山州、云南省丽江地区勘界工作领导小组签订的《四川省盐原县与云南省宁蒗彝族自治县行政区域界线协议》的省界划分，泸沽湖风景区四川片区范围是 337.66 km^2（其中属泸沽湖镇的范围是 314.26 km^2，在永宁坝西北侧属前所乡的范围是 23.4 km^2），其中泸沽湖水域（含草海）是 32 km^2。泸沽湖四川片区无详细的旅游区划分，故四川片区的空间容量采用类比法进行粗略计算。

由于泸沽湖各旅游区大部分位于自然保护区的核心区域，少部分位于缓冲区，同时也是生态红线的重要组成部分，因此，为了保障泸沽湖景区的生态安全，须严格控制其旅游空间容量。依据景区内各景点地形地貌和游览方式的不同，参照《风景名胜区总体规划标准》和《丽江玉龙雪山风景名胜区总体规划（1990—2010）》，分别采用面积计算法、卡口计算法和游路计算法测算景区的资源空间容量。泸沽湖旅游空间容量见表 11-8。由表可知，泸沽湖景区云南片区的日空间最大旅游容量为 12 633 人/d，泸沽湖景区四川片区的日空间最大旅游容量为 12 929 人/d，泸沽湖景区日空间最大旅游容量为 25 562 人/d，景区可游天数取 350 d，游客停留时间按 3 d 计，则泸沽湖基于旅游资源空间容量的游客最大承载力为 298.223 万人/a，其中泸沽湖云南片区的游客承载力为 147.385 万人/a，四川片区的游客承载力为 150.838 万人/a。

表 11-8 泸沽湖旅游资源空间容量

地区	计算方法	景点	人均游览面积/m²	游览面积/m²	游线长度/km	人均游线长度/m	每批游客人数/人	周转率/%	旅游容量/（人/d）
云南	面积计算法	里务比岛	100	7 050				6	423
		媳娃娀岛	100	6 000				6	360
		红崖子	100	60 000				3	1 800
	游路计算法	环湖步行游览线			10	10		2	2 000
		竹地步行游览线			8	10		2	1 600
		格姆山步行游览线			10	10		2	2 000
		三家村至望乡台登山游览线			5	10		2	1 000
	卡口计算法	湖区					300	6	1 800
		落水摩梭文化展示点					40	30	1 200
		里格摩梭文化展示点					15	30	450
小计									12 633
四川	面积计算法	四川游览区							12 929
总计									25 562

11.4 社会心理容量

本书根据满意度模型，从个人基本情况和影响泸沽湖旅游景区游客满意度各要素两个维度去制订标准问卷，通过发放问卷、收集问卷以及对问卷统计分析来反映游客心理容量。2020 年 6 月 29 日—7 月 2 日在泸沽湖景区共发放问卷 600 份，全部回收并剔除回答不完整问卷 10 份后，问卷有效率达 98.3%。

11.4.1　人口社会学统计

在居住地方面，四川的受访者最多，其次是云南，这是因为四川和云南的游客离景区较近，出行方便，故大多选择在空闲时间到泸沽湖旅游景区游玩，详细的居住地统计情况如图 11-1 所示。

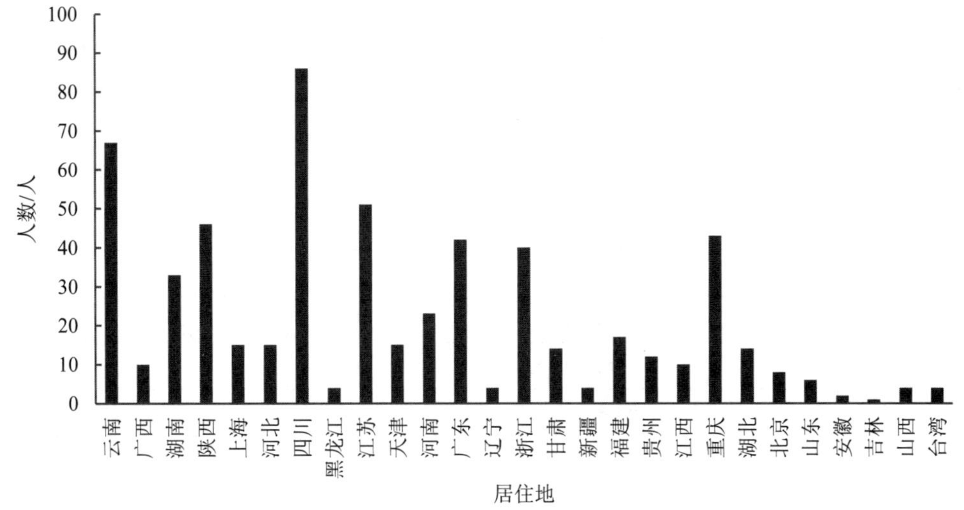

图 11-1　游客居住地统计

泸沽湖旅游景区游客游览特征统计见表 11-9。由表可知，在性别方面，女性受访者多于男性受访者。在年龄方面，受访的青年人最多，其次是中年人，其中，受访的青年人多为放暑假的学生，受访的中年人多为带孩子暑假出门游玩的家长。在出行时间和出行方式方面，选择在非周末的工作日跟团旅游的游客最多。在游玩次数和停留时间方面，大多数游客都是第一次到泸沽湖景区游玩，并选择在景区停留 2 d。在回头率方面，多数游客选择如果条件允许有可能再来。

表 11-9　泸沽湖旅游景区游客游览特征统计

变量		频数	频率/%
性别	男	271	45.93
	女	319	54.07
年龄层次	青少年	54	9.15
	青年	230	38.98
	中年	207	35.08
	老年	99	16.78

变量		频数	频率/%
出行时间	法定节假日	143	24.24
	周末	45	7.63
	其他	402	68.14
出行方式	跟团	365	61.86
	自助游	185	31.36
	单位组织	27	4.58
	其他	11	1.86
游玩次数	1 次	52	8.81
	2 次	400	67.80
	3 次	107	18.14
	3 次以上	31	5.25
停留时间	1 d	52	18.81
	2 d	107	28.14
	3 d	400	47.80
	3 d 以上	31	5.25
回头率	一定再来	67	11.36
	有可能再来	452	76.61
	一定不会来	73	12.37

11.4.2 游客满意度分析

统计分析问卷得出了游客对泸沽湖旅游各要素的满意度情况，结果见表 11-10。

表 11-10 游客对泸沽湖旅游各要素的满意度

影响因素	满意程度									
	非常满意		满意		基本满意		不满意		非常不满意	
	频数	频率/%	频数	频率/%	频数	频率/%	频数	频率/%	频数	频率/%
安全设施	64	10.85	329	55.76	181	30.6	14	2.37	0	0
标识系统	69	11.69	346	58.64	162	27.46	11	1.86	0	0
停车场	52	8.81	179	30.34	292	49.49	62	10.51	3	0.51
购物设施	37	6.27	183	31.02	306	51.86	57	9.66	3	0.51
餐饮设施	37	6.27	218	36.95	268	45.42	64	10.85	5	0.85
休息设施	44	7.46	178	30.17	286	48.47	67	11.36	13	2.20

影响因素	满意程度									
	非常满意		满意		基本满意		不满意		非常不满意	
	频数	频率/%	频数	频率/%	频数	频率/%	频数	频率/%	频数	频率/%
厕所	32	5.42	125	21.19	293	49.66	105	17.80	33	5.59
票价	40	6.78	446	75.59	99	16.78	7	1.19	0	0
卫生	80	13.56	295	50	215	36.44	0	0	0	0

将满意度评价的 5 个等级——非常满意、满意、基本满意、不满意及非常不满意分别赋分为 100 分、80 分、60 分、30 分及 0 分。根据满意度计算公式（满意度分数=非常满意比例×100 分+满意比例×80 分+基本满意比例×60 分+不满意比例×30 分+非常不满意×0 分）和表 11-10 的统计结果可得游客对泸沽湖旅游各要素的满意度分数（图 11-2）。

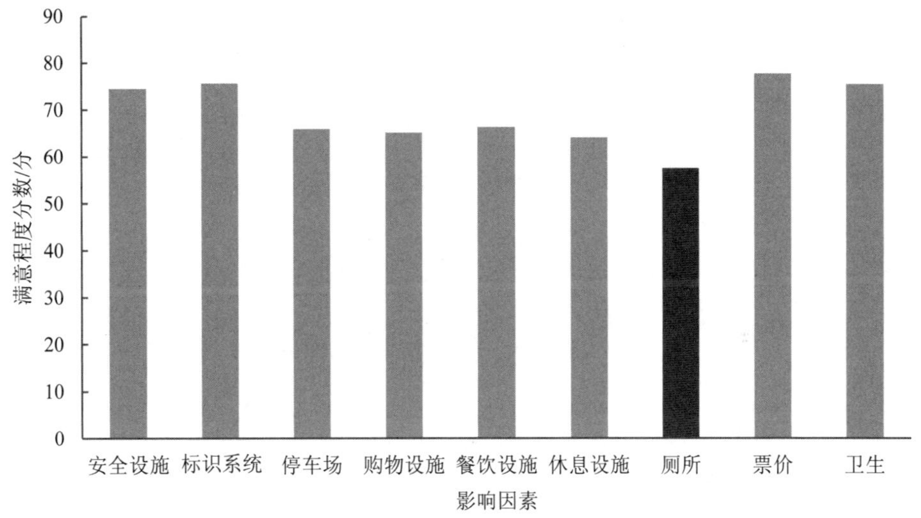

图 11-2　游客各要素的满意度分数

由图 11-2 可以看出，对列举出的影响泸沽湖游客满意度的 9 个要素进行赋分的结果中，厕所的满意度分数低于 60 分，说明游客对景区厕所的满意度还未达到基本满意，其他 8 个要素的满意度分数均高于 60 分，其中票价的满意度分数最高，为 77.7 分，说明游客对景区安全设施的满意度接近满意。9 个要素的满意度平均分为 69.1 分，表明游客对景区的总体满意度在满意与基本满意之间。

11.4.3　回归分析

本书用赋值法来衡量游客对泸沽湖景区各要素的满意度，将满意程度分为 1～5 个等级，1 代表“非常不满意”，5 代表“非常满意”，3 作为临界点，4～5 是满意区间。采用满意度模型计算游客的社会心理容量，询问游客在重要景点游览过程中的满意程度，以游客的满意程度为因变量，进入景区的游客数为自变量建立回归方程。运用 SPSS 统计分析软件对满意度与游客量关系图进行回归分析，采用曲线估计模式，进行线性、对数、倒数、二次、复合、幂、*S*、增长、指数、Logistic 多种曲线相关系数模拟。其中，线性回归的解释量（R^2）为 0.936，具有最高的拟合度，符合 *R* 性检验。从拟合结果可以获得图 11-3 的游客满意度曲线，该曲线方程为：

$$Y=3.466-2.125\times10^{-5}X-3.75\times10^{-9}X^2 \tag{11-1}$$

式中：*Y*—— 游客满意度；

X—— 游客数。

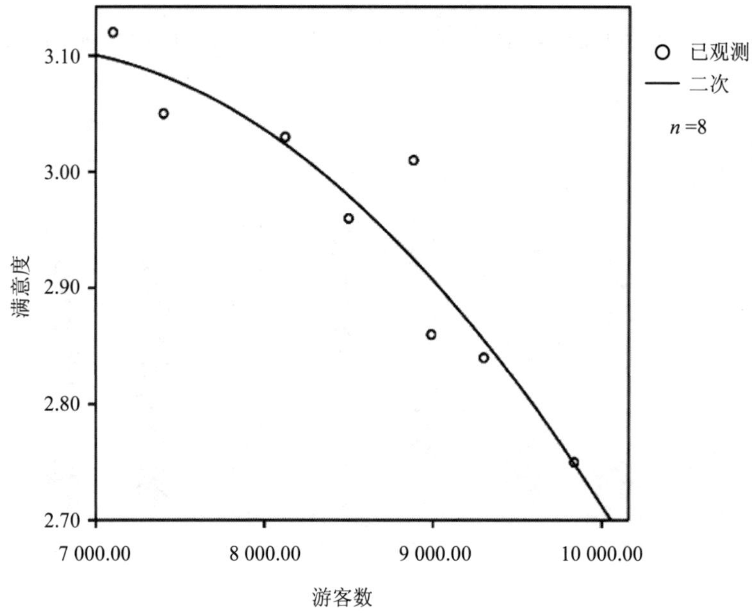

图 11-3 游客满意度曲线

以游客满意度 3 为临界值，当泸沽湖游客满意度达到 3 时，进入泸沽湖的游客数为 8 575 人。则泸沽湖的社会心理容量为 8 575 人/d。取景区可游天数为 350 d，则泸沽湖的社会心理容量为 300.125 万人/a。

11.4.4 研究局限

不同游客的配合程度和对此调查的理解与支持程度不同，由于青少年、高学历者或是长期居住本地的游客配合度更高，因此样本量相对较多，这可能在一定程度上影响研究结果，产生对总体估计的误差。

11.5　泸沽湖旅游容量综合分析

11.5.1　木桶原理法

采用木桶原理法对泸沽湖景区的旅游容量进行综合评价（表 11-11），取泸沽湖不同时期各旅游环境容量分量计算值中的最小值，即泸沽湖旅游环境容量=min（旅游资源空间容量，水环境容量，水资源容量，社会心理容量）。

表 11-11　泸沽湖旅游容量（木桶原理法）

容量	2020 年	2025 年	2035 年
水环境容量/万人	77.691	267.8	452.47
水资源容量/万人	354.64	330.73	319.152
旅游资源空间容量/万人	298.223	298.223	298.223
社会心理容量/万人	300.125	300.125	300.125
泸沽湖旅游容量/万人	77.691	267.8	298.223

由表 11-11 可知，泸沽湖 2020 年的旅游容量为 77.691 万人（取决于水环境容量），日最大游客数量为 6 659 人；到 2025 年，旅游容量将为 267.8 万人（取决于水环境容量），日最大游客数量将为 22 954 人；到 2035 年，旅游容量将为 298.223 万人（取决于旅游资源空间容量），日最大游客数量将为 25 562 人。以上旅游容量均在生态承载力范围内，且充分利用了优质的自然资源，可作为控制旅游人数的依据。

11.5.2　权重赋值法

采用权重赋值法对泸沽湖景区的旅游容量进行综合评价，各环境容量分量采用木桶原理法得到，旅游环境容量的综合实现应以式（1-8）表示。

权重的确定：在既要减小主观随意性、提高权重的客观性和准确性，又要具有灵活性和可操作性的原则下，目前常用专家咨询法和打分法给权重赋值。泸沽湖景区的重点旅游资源为水域风光，对于水体类风景旅游区，生态承载力起重要作用，故水环境容量为泸沽湖旅游容量的主要限制因子，泸沽湖景区水环境容量的权重赋值也较大。本书通过查阅文献资料，结合专家咨询确定了泸沽湖景区的旅游环境容量各分量权重为：X_1=0.2、X_2=0.5、X_3=0.2、X_4=0.1，计算可得到泸沽湖 2020 年的旅游容量为 199.430 万人；2025 年的旅游容量将为 289.703 万人；2035 年的旅游容量将为 379.723 万人。

11.5.3 研究方法对比

采用木桶原理法计算出的泸沽湖旅游容量是确保泸沽湖生态安全条件下的最适旅游容量，具有较强的约束力；采用权重赋值法计算出的泸沽湖综合旅游容量超过了其环境容量分量，较为宽松。综合比较权重赋值法和木桶原理法两种计算方法，并考虑压力因素的约束程度，最终选用木桶原理法进行阈值选取（表 11-12）。

表 11-12 不同计算方法下的泸沽湖旅游容量对比

容量		2020 年	2025 年	2035 年
旅游容量/万人	木桶原理法	77.691	267.8	298.223
	权重赋值法	199.430	289.703	379.723

第 12 章　结论与建议

12.1　结论

本书在泸沽湖环境承载力条件下，通过研究和总结旅游容量量化方法，结合景区实际情况，采用文献查阅、问卷调查、实地调查、统计分析等方法构建了泸沽湖旅游容量评价体系，对泸沽湖景区的旅游环境容量进行了量化分析，又分别采用木桶原理法和权重赋值法对泸沽湖景区的旅游容量进行了综合评价，所得主要结论如下：

一是综合比较权重赋值法和木桶原理法两种计算方法发现，采用木桶原理法计算出的旅游容量为确保泸沽湖生态安全条件下的最严容量，对旅游容量具有较强的约束力。

二是泸沽湖旅游容量量化分析结果表明，泸沽湖 2025 年和 2035 年的最严旅游容量分别为 267.8 万人和 452.47 万人，为泸沽湖不同时期各旅游环境容量分量计算值中的最小值，此阶段水环境容量为泸沽湖旅游环境容量的瓶颈因子。

三是景区的旅游资源空间容量、水资源容量和社会心理容量也会随着泸沽湖景区的开发建设，管理体制的完善和经济效益的不断增长而提高，故其不会成为景区旅游环境容量的限制因子。

12.2　建议

一是为了保护泸沽湖生态环境及人文资源，旅游主管单位应严格控制旅游人数的增长，实现减量开发。例如，根据景区的合理旅游容量制定旅游接待规模，采用调控手段控制进入景区内的总游客规模以及单位时间内进入各个区域的游客数量，通过调整泸沽湖旅游旺季和淡季的门票价格、旅游项目等对旅游人数进行合理分流，改善景区内的服务设施，优化景区的资源空间承载力，加强景区的生态环境建设，提高景区的游客接待能力，也可以以上两种或多种方法结合采用。

二是泸沽湖景区的现状旅游产品大多停留在一般性的观光游览层次上，对景区自身的资源特点认识不够充分。在对文化、自然景观资源的开发利用和建设中出现了一些问题。当前的旅游形式更强调游客的文化体验及参与度，因此，应在尊重文化原真性、保护自然景观的前提下，推出符合市场需求的旅游产品，使游客充分认识和欣赏摩梭文化的内涵和泸沽湖的自然景观价值；提高对景观资源的科学利用水平；提高景区的经济效能，为泸沽湖景区旅游业的持续发展创造积极条件，使摩梭文化在得到完整保护的前提下实现传承和发展。

参考文献

[1] 和新梅. 浅析泸沽湖旅游开发对摩梭文化的影响[J]. 旅游纵览（下半月），2014（3）：158-159.

[2] 张寿香. 泸沽湖生态旅游环境优化研究[D]. 昆明：云南师范大学，2014.

[3] 赵红红. 苏州旅游环境容量问题初探[J]. 城市规划，1983（5）：46-53.

[4] 保继刚，楚义芳. 旅游地理学[M]. 北京：高等教育出版社，1999.

[5] 崔凤军，杨永慎. 泰山旅游环境承载力及其时空分异特征与利用强度研究[J]. 地理研究，1997（4）：48-56.

[6] 刘家麟. 旅游容量与风景区规划[J]. 城市规划研究，1981，3（2）：44-49.

[7] 周年兴. 旅游心理容量的测定——以武陵源黄石寨景区为例[J]. 地理与地理信息科学，2003（2）：102-104.

[8] 王晓燕，王晨. 北京颐和园旅游环境容量分析[J]. 河北师范大学学报（自然科学版），2007（3）：403-408.

[9] 潘丽丽，马扬梅. 基于拥挤感知的西溪国家湿地公园游客心理容量研究[J]. 湿地科学，2014，12（5）：662-668.

[10] 石磊，李陇堂，张冠乐，等. 宁夏黄沙古渡景区旅游环境容量研究[J]. 河北旅游职业学院学报，2017，22（1）：20-24.

[11] Brush S B. The Concept of Carrying Capacity for Systems of Shifting Cultivation[J]. American Anthropologist，1975（4）：799-811.

[12] Wager J Alan. The Carrying Capacity of Wild Lands for Recreation[M]. Forest Science Monograph 7. Washington，DC：Society of American Foresters，1964.

[13] Stankey G H，McCool S F. Carrying capacity in recreational settings：Evolution，appraisal，and application[J]. Leisure Sciences，1984（4）：453-473.

[14] Douglas P. Tourist Development [M]. Hongkong：Longman，1989.

[15] 杨冬冬. 基于LAC理论的古村落旅游容量研究——以山西省阳泉市小河历史文化名村为例[D]. 徐州：中国矿业大学，2017.

附 图

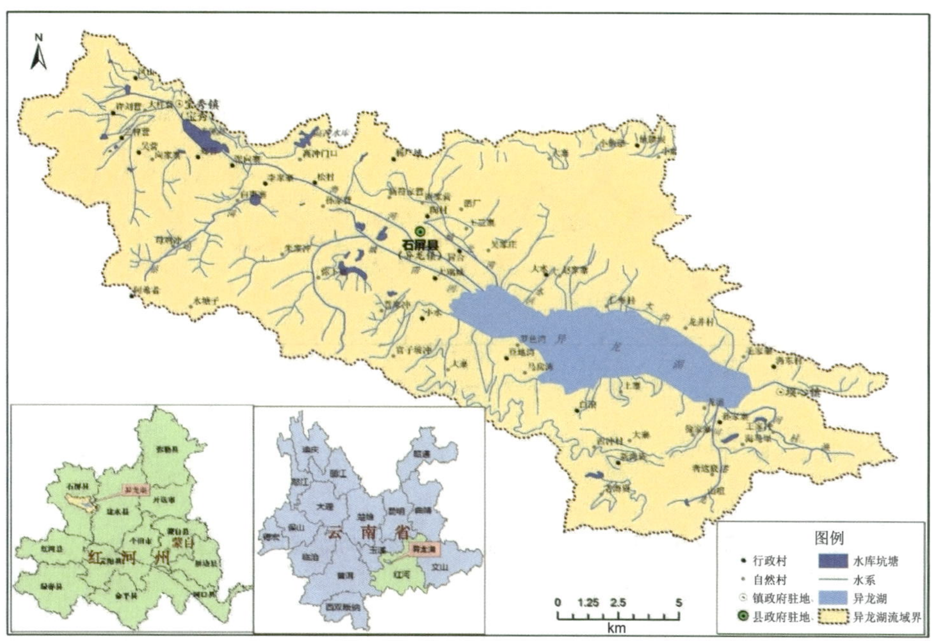

附图 3-1 异龙湖地理位置及水系分布

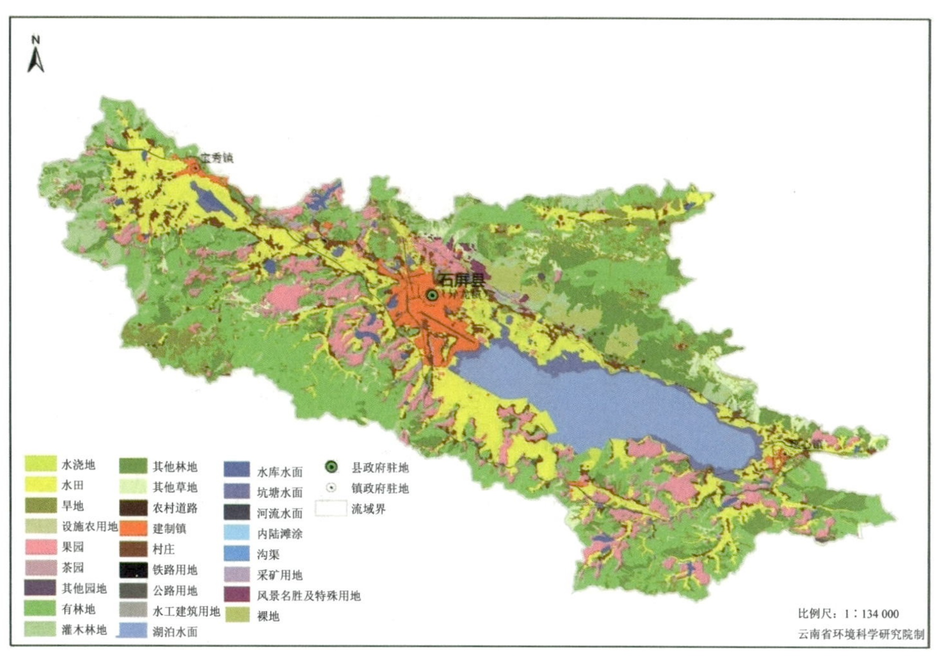

附图 3-2 异龙湖流域土地利用现状

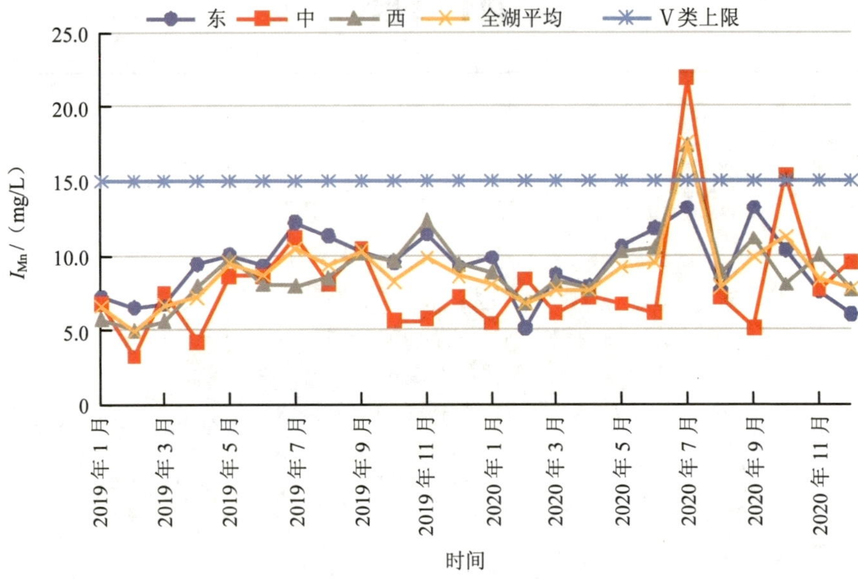

附图 3-3　异龙湖各断面 2019—2020 年 I_{Mn} 逐月变化趋势

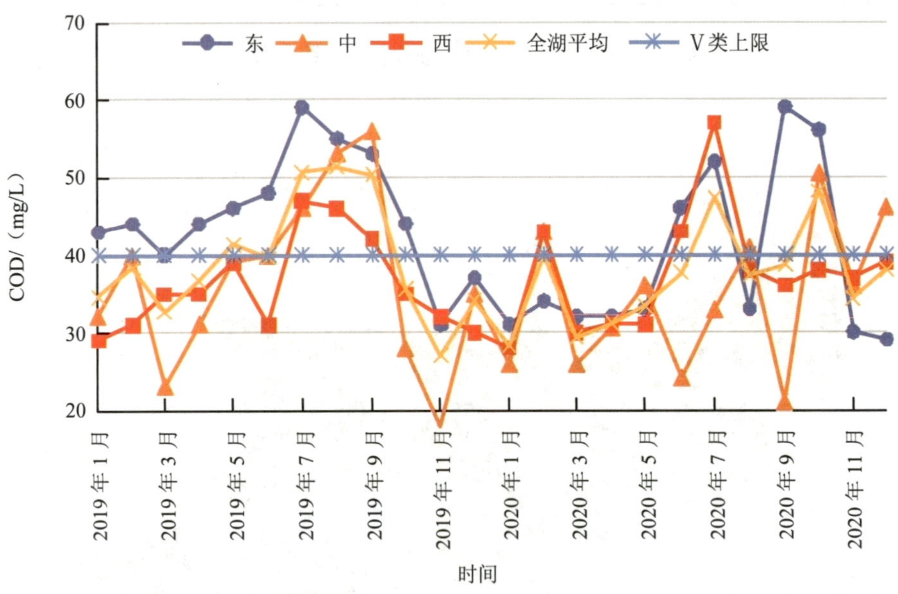

附图 3-4　异龙湖各断面 2019—2020 年 COD 逐月变化趋势

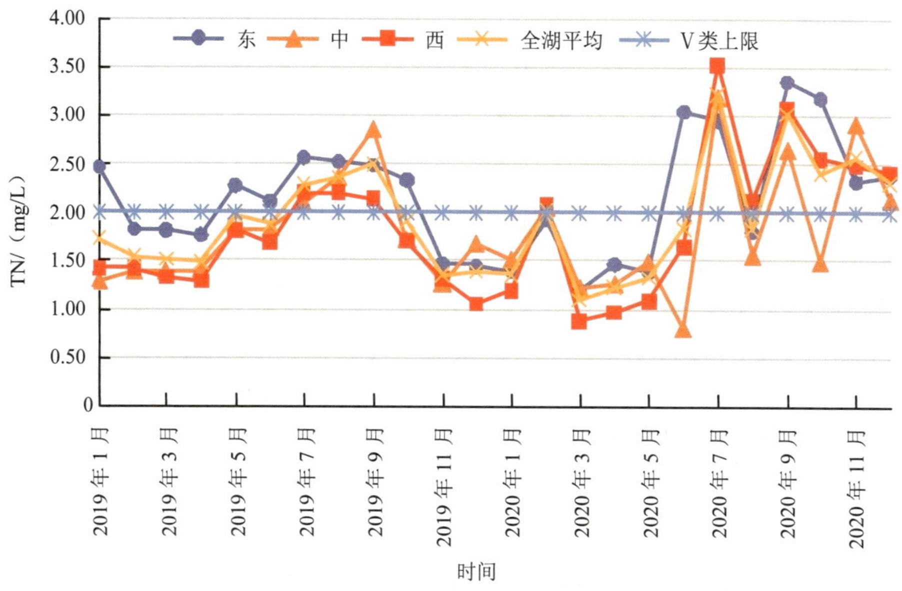

附图 3-5 异龙湖各断面 2019—2020 年 TN 逐月变化趋势

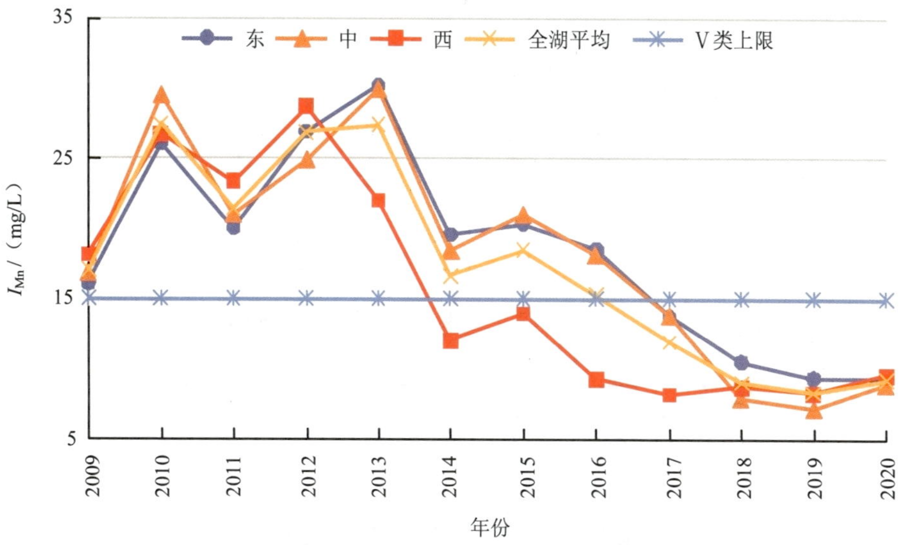

附图 3-6 异龙湖 I_{Mn} 年度变化趋势

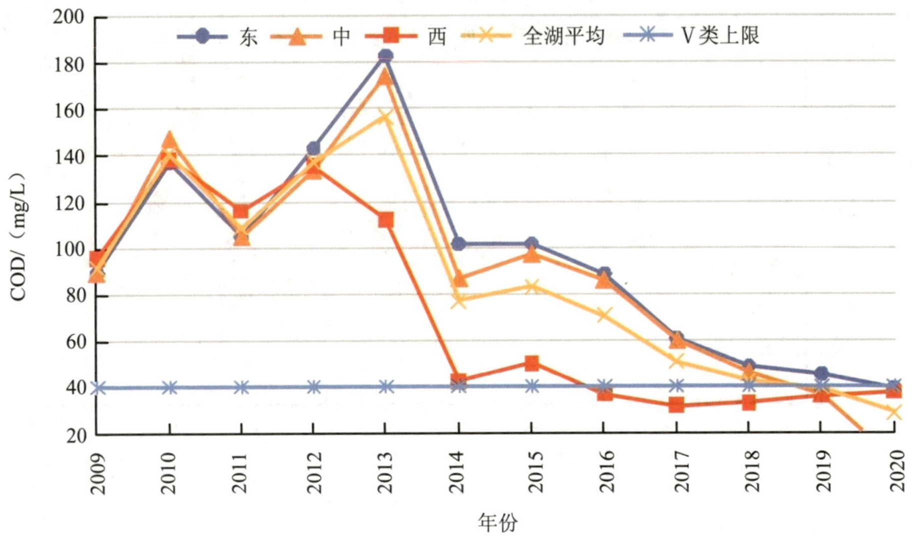

附图 3-7 异龙湖 COD 年度变化趋势

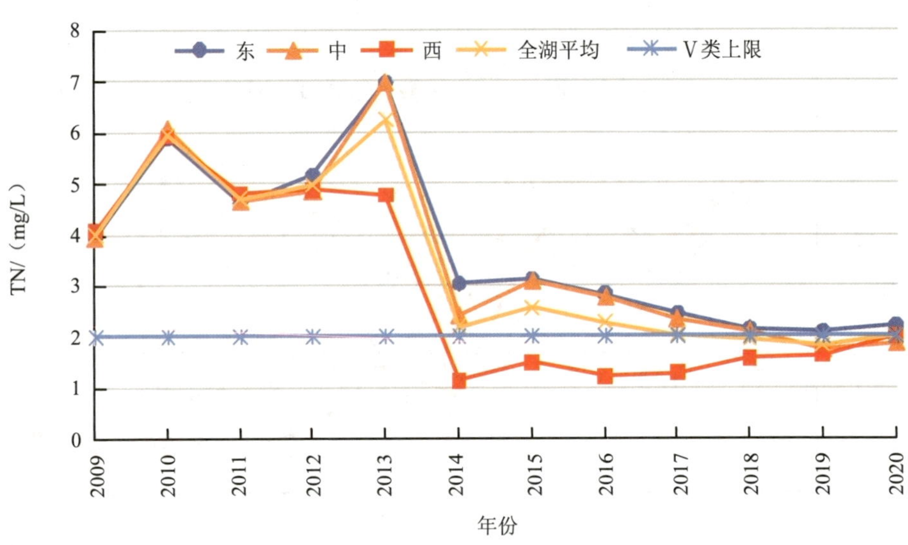

附图 3-8 异龙湖 TN 年度变化趋势

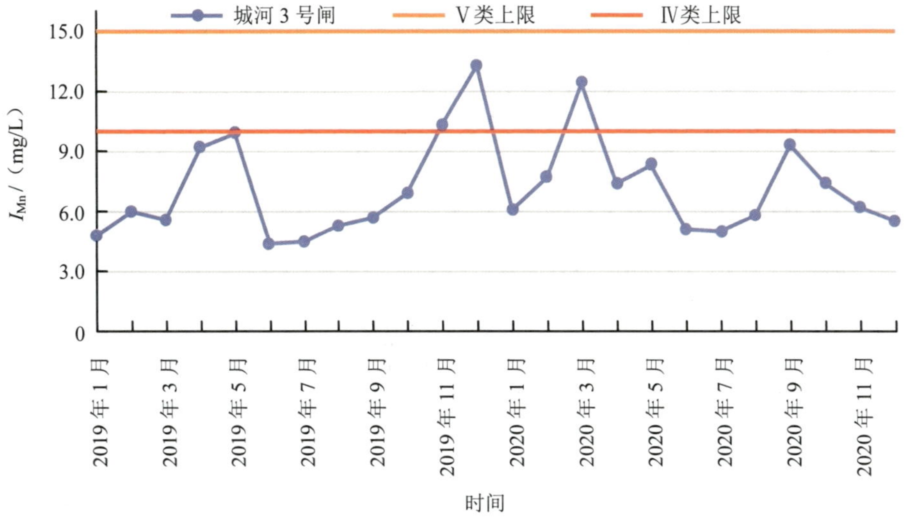

附图 3-9　城河 2019—2020 年 I_{Mn} 逐月变化趋势

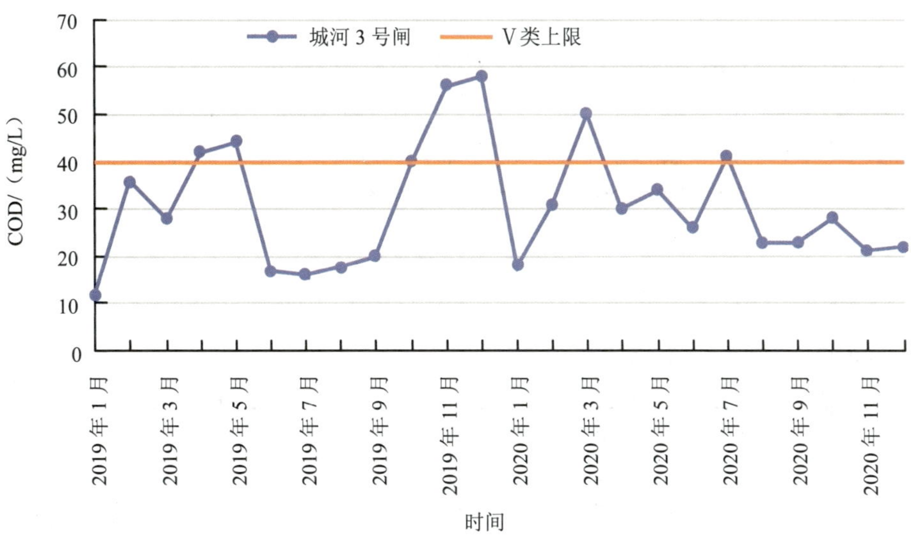

附图 3-10　城河 2019—2020 年 COD 逐月变化趋势

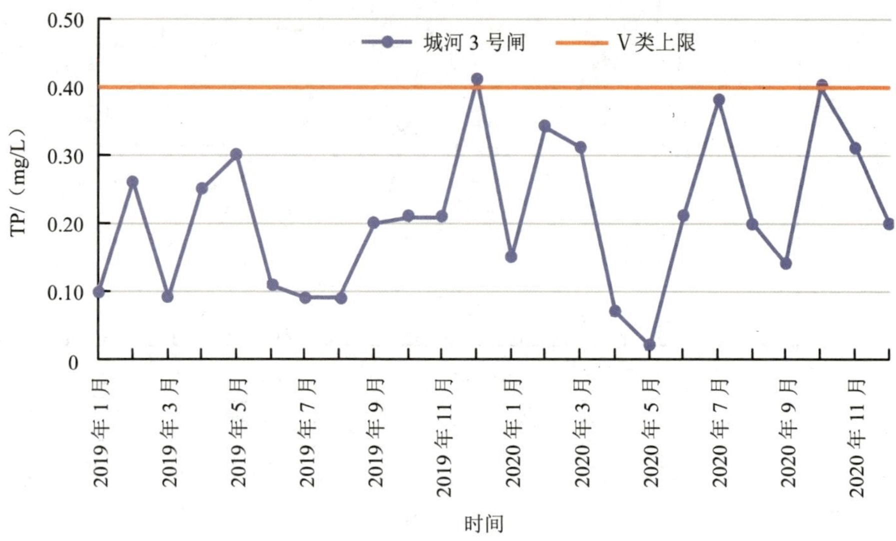

附图 3-11　城河 2019—2020 年 TP 逐月变化趋势

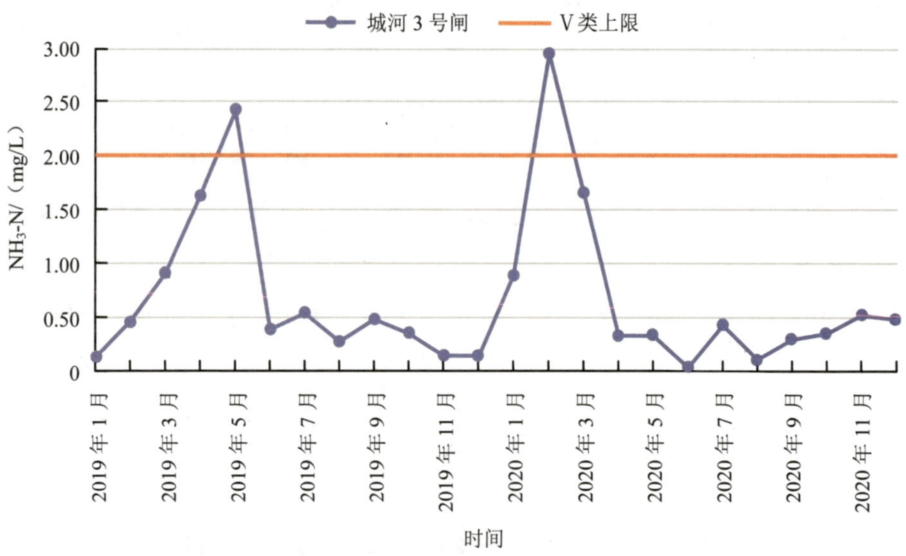

附图 3-12　城河 2019—2020 年 NH_3-N 逐月变化趋势

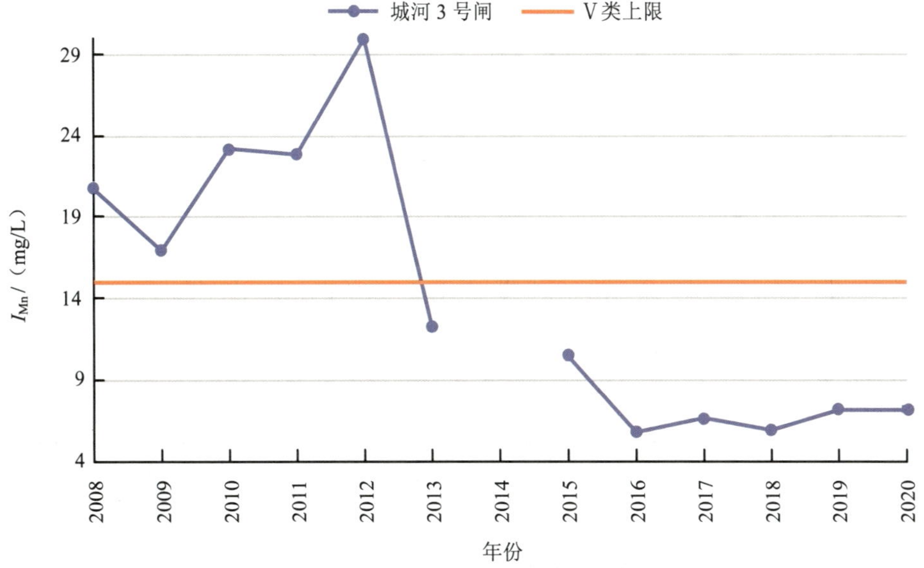

附图 3-13 城河 2008—2020 年 I_{Mn} 年度变化趋势

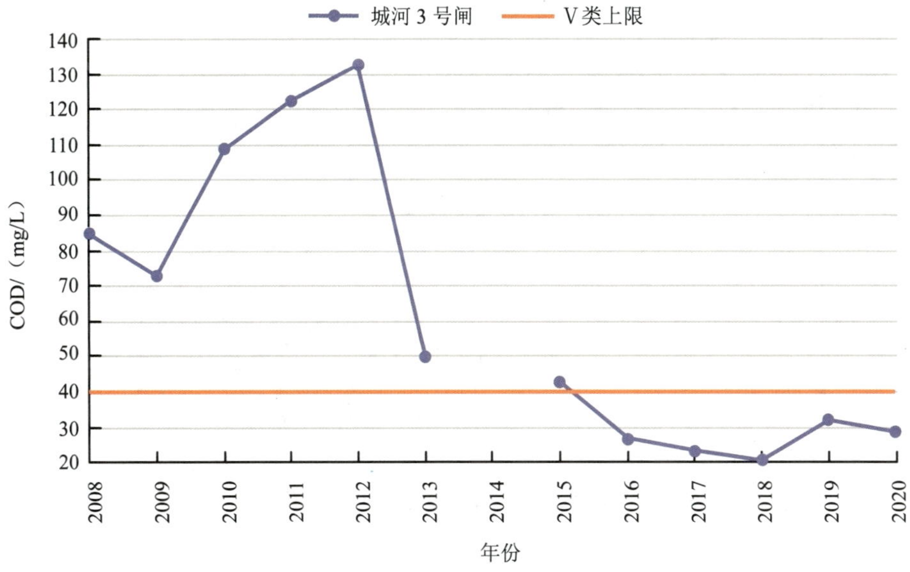

附图 3-14 城河 2008—2020 年 COD 年度变化趋势

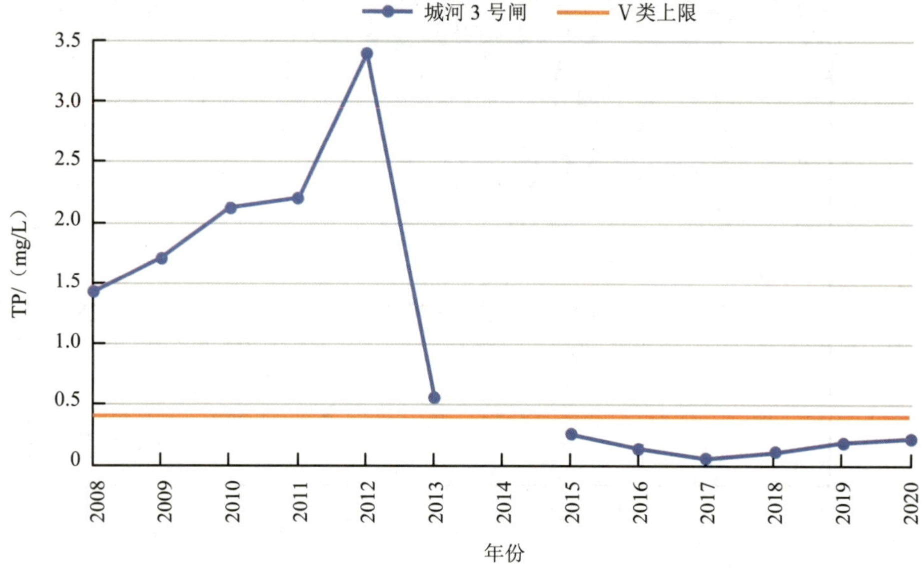

附图 3-15 城河 2008—2020 年 TP 年度变化趋势

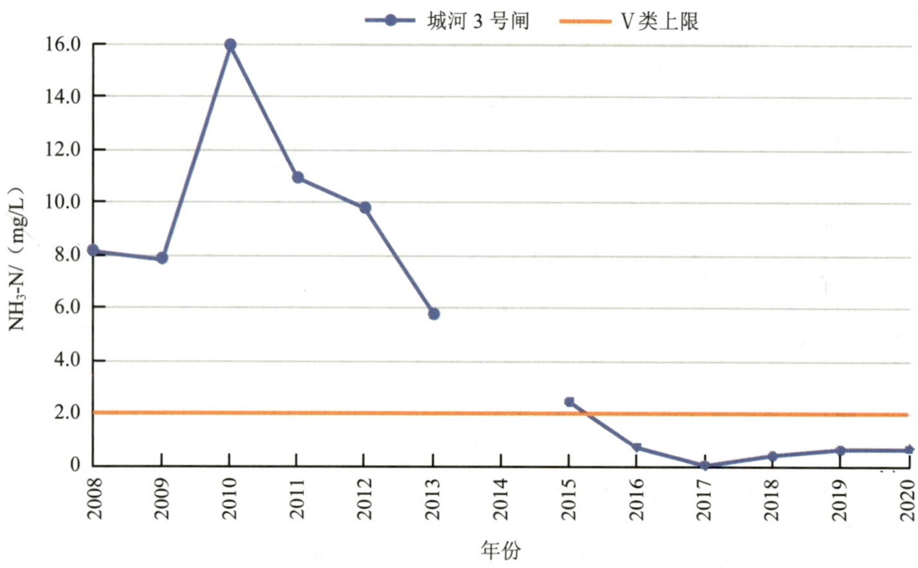

附图 3-16 城河 2008—2020 年 NH_3-N 年度变化趋势

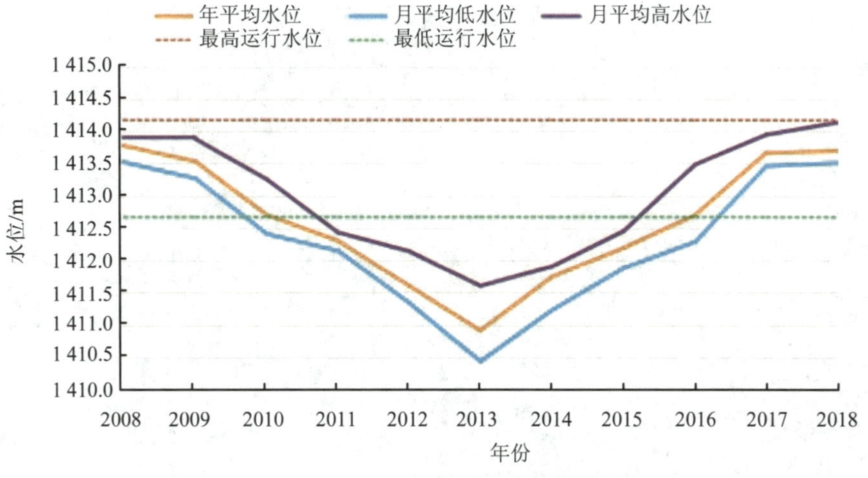

附图 3-17　异龙湖水位变化趋势

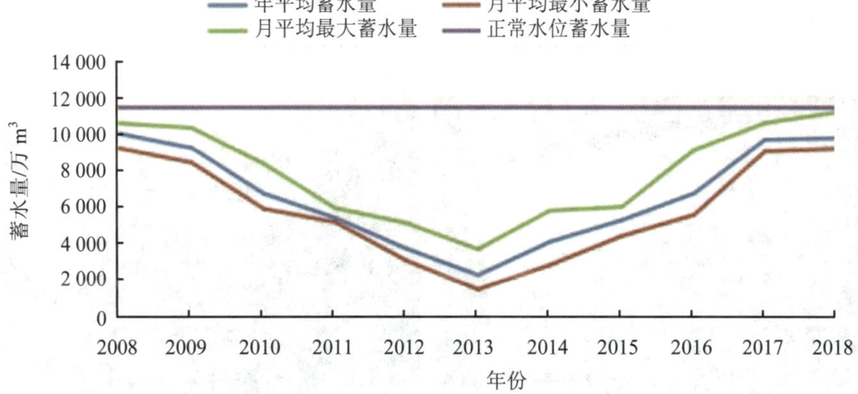

附图 3-18　异龙湖蓄水量变化趋势

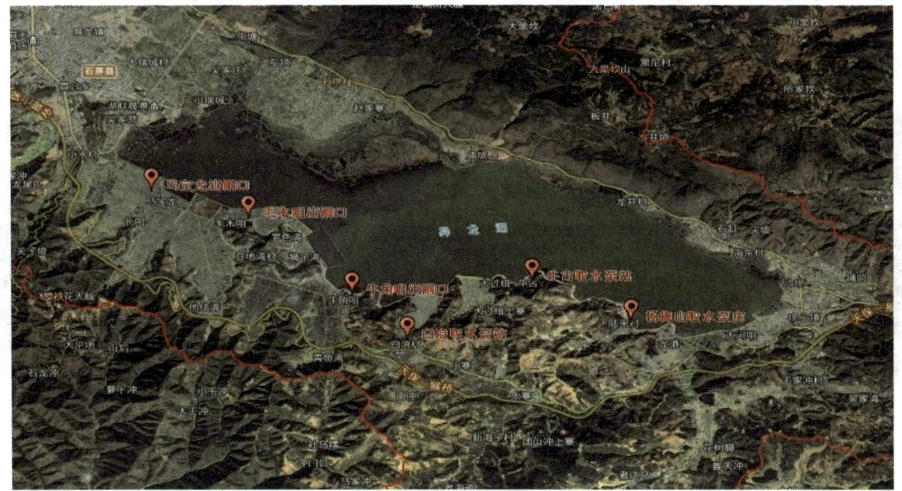

附图 3-19　异龙湖农灌提水工程

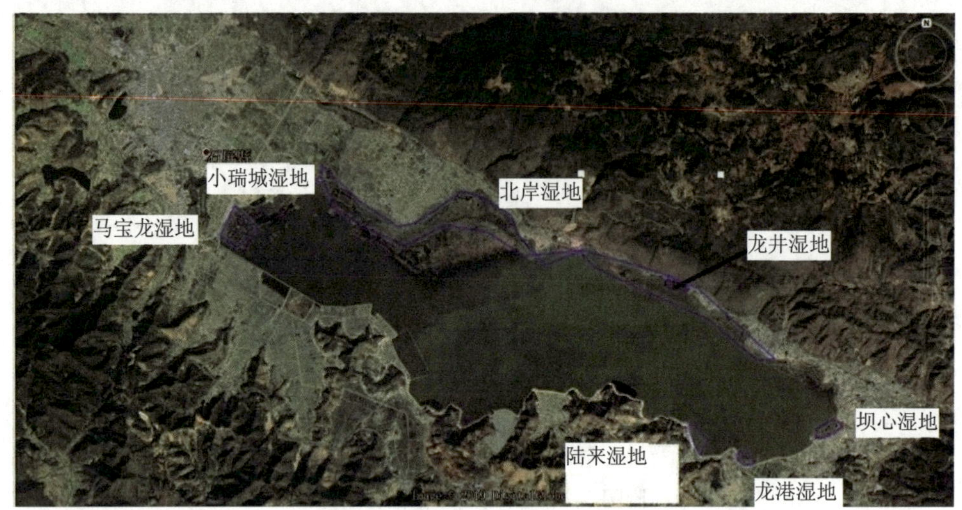

附图 3-20　异龙湖流域湿地分布

附图 4-1　郑营村

附图 4-2 石屏古城

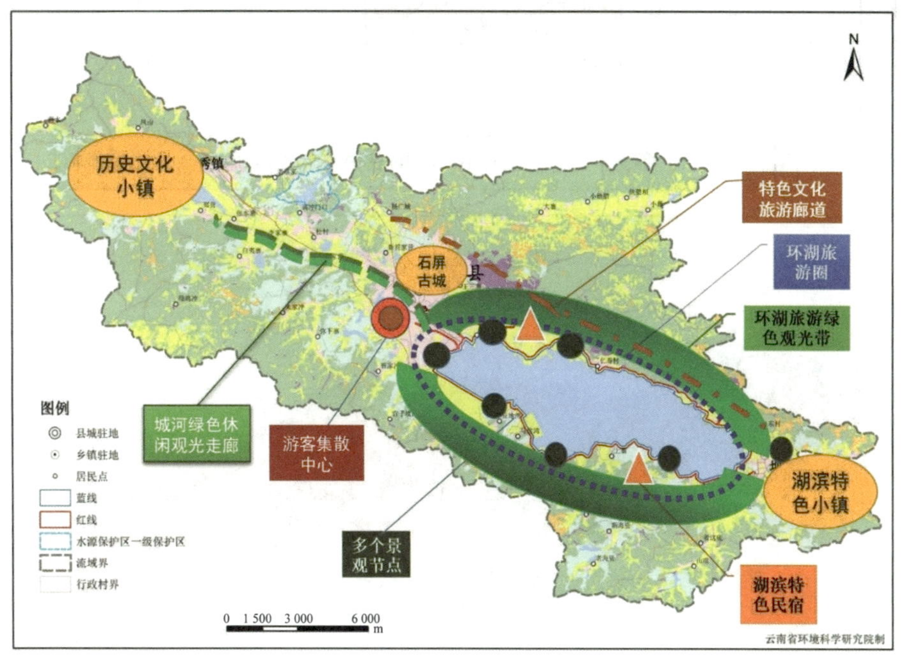

附图 4-3 旅游发展规划示意图

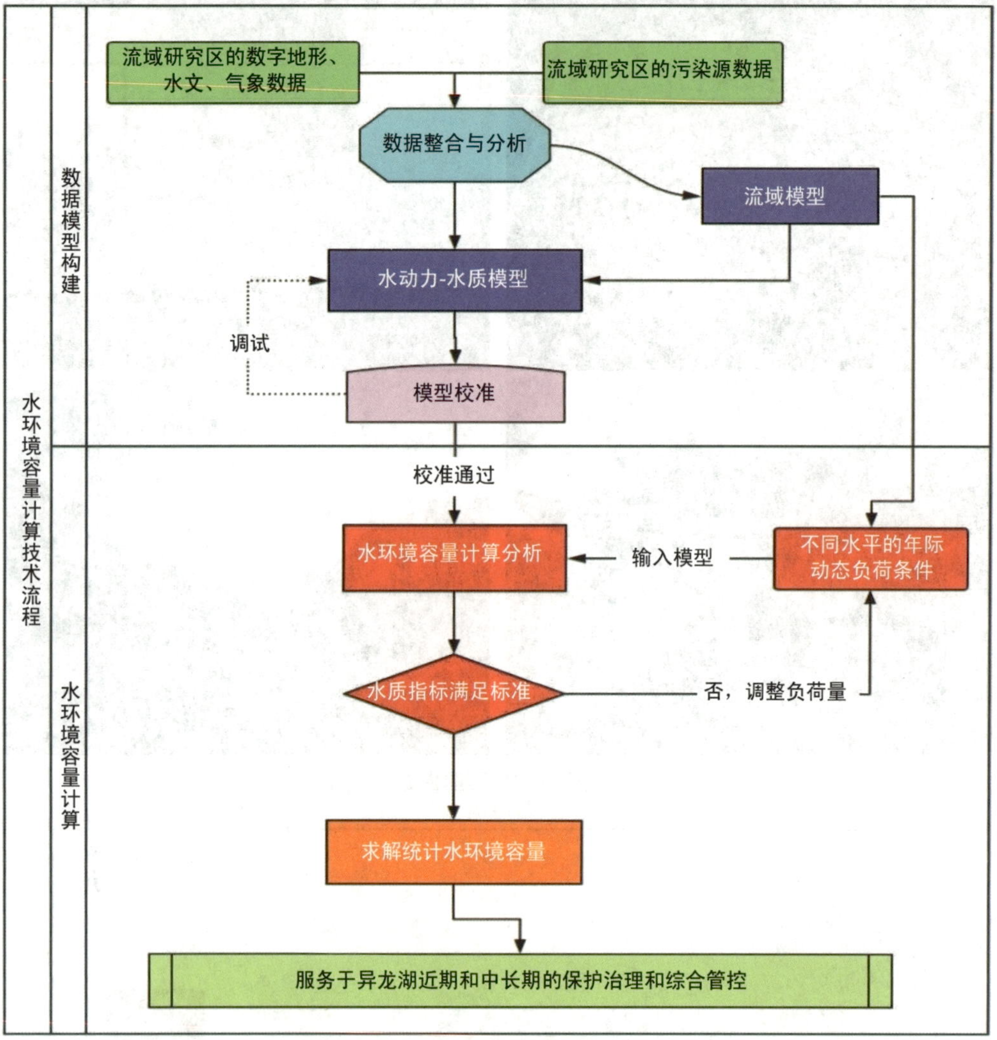

水环境容量计算技术流程

数据模型构建

流域研究区的数字地形、水文、气象数据

流域研究区的污染源数据

数据整合与分析

流域模型

水动力-水质模型

调试

模型校准

校准通过

水环境容量计算

水环境容量计算分析

输入模型

不同水平的年际动态负荷条件

水质指标满足标准

否，调整负荷量

求解统计水环境容量

服务于异龙湖近期和中长期的保护治理和综合管控

附图 5-1　技术路线

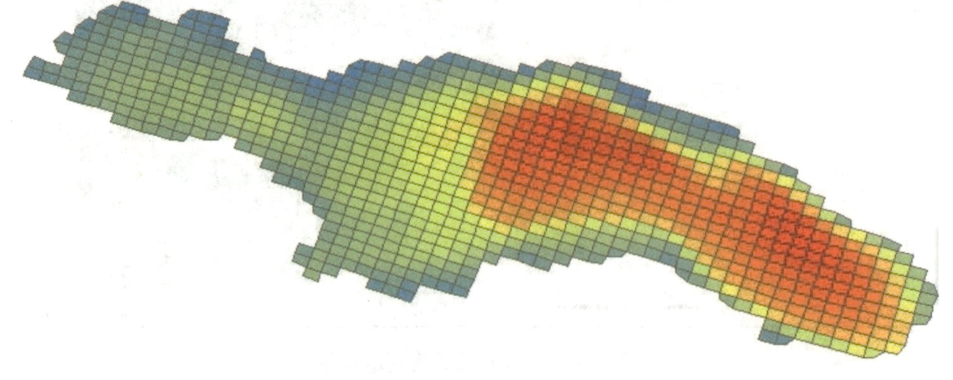

附图 5-2　异龙湖三维水质-水动力模型

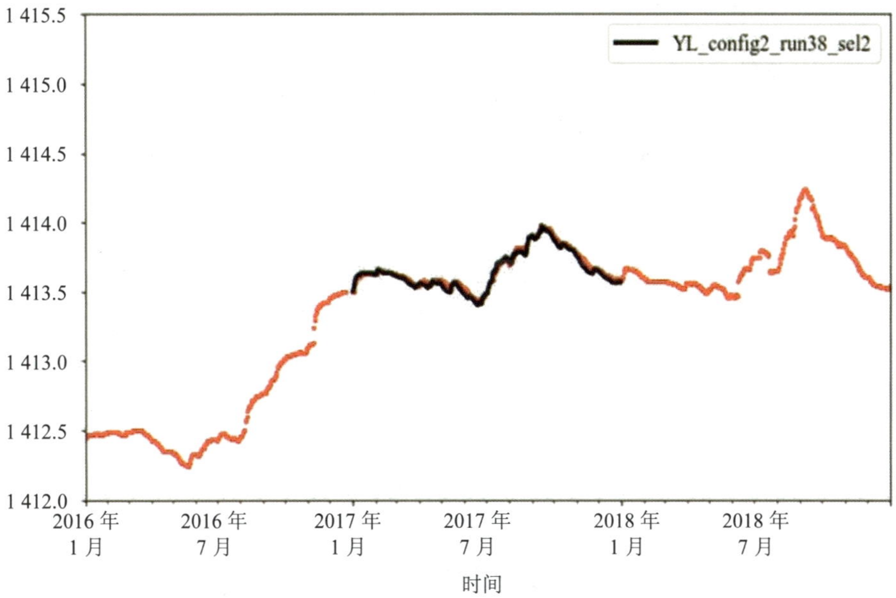

附图 5-3 水动力模型校准结果

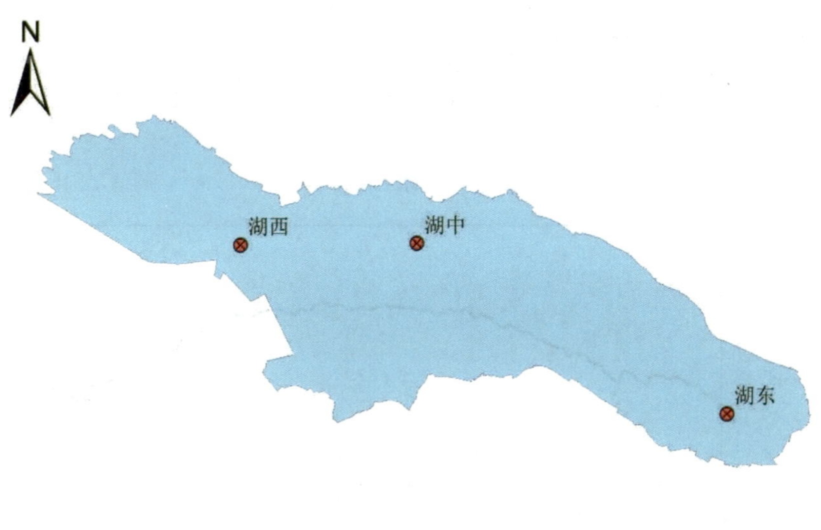

附图 5-4 水质校准点位

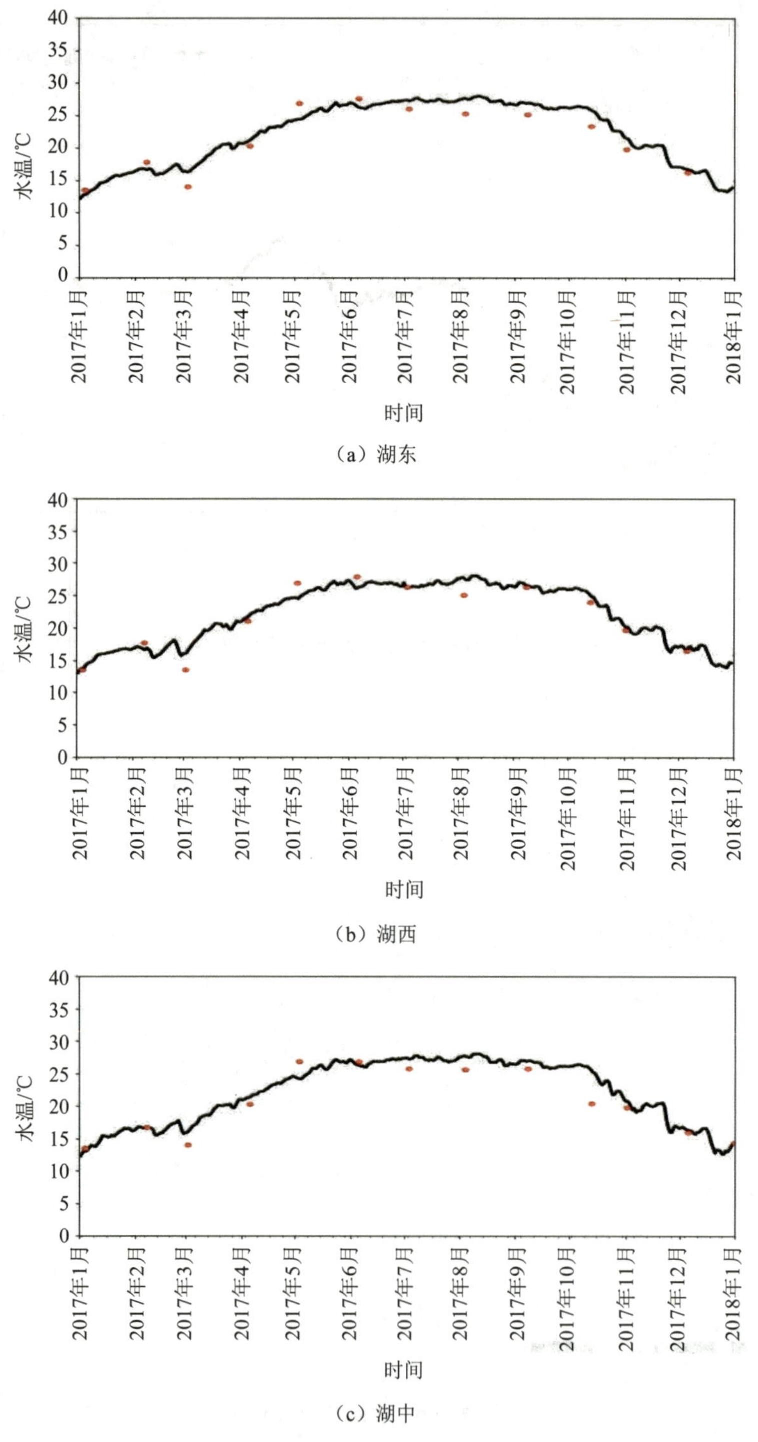

（a）湖东

（b）湖西

（c）湖中

附图 5-5 水温校准结果

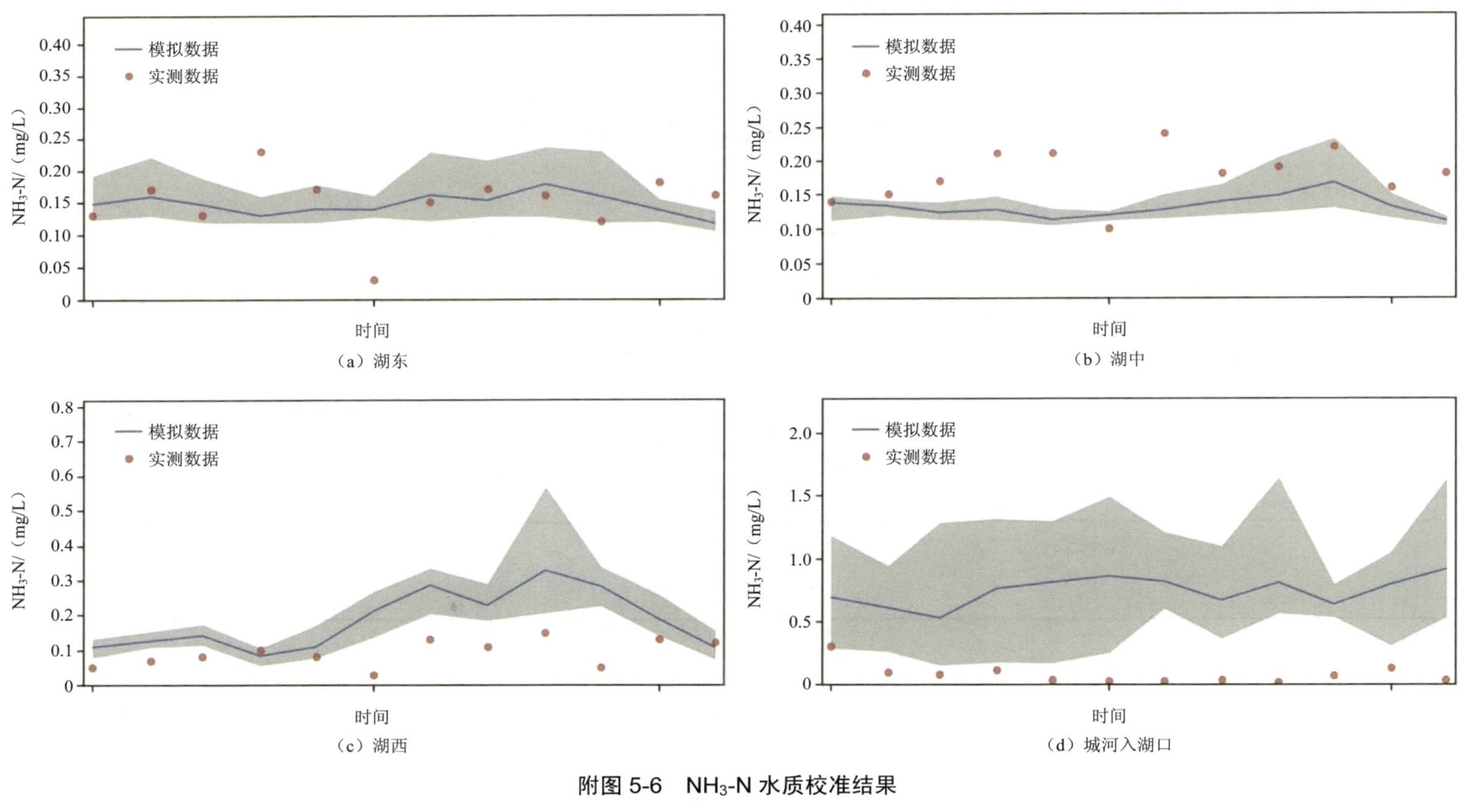

附图 5-6 NH_3-N 水质校准结果

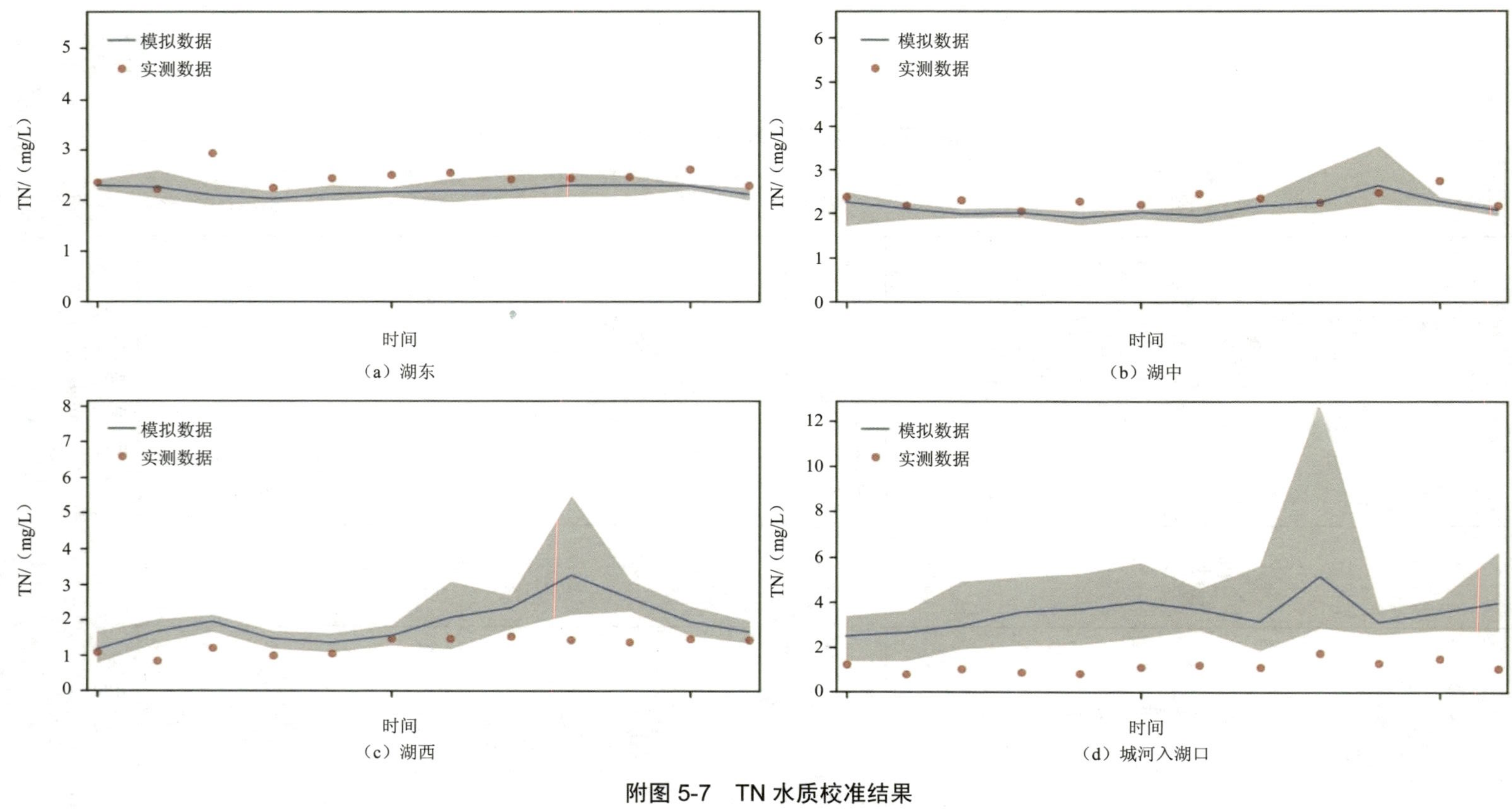

附图 5-7 TN 水质校准结果

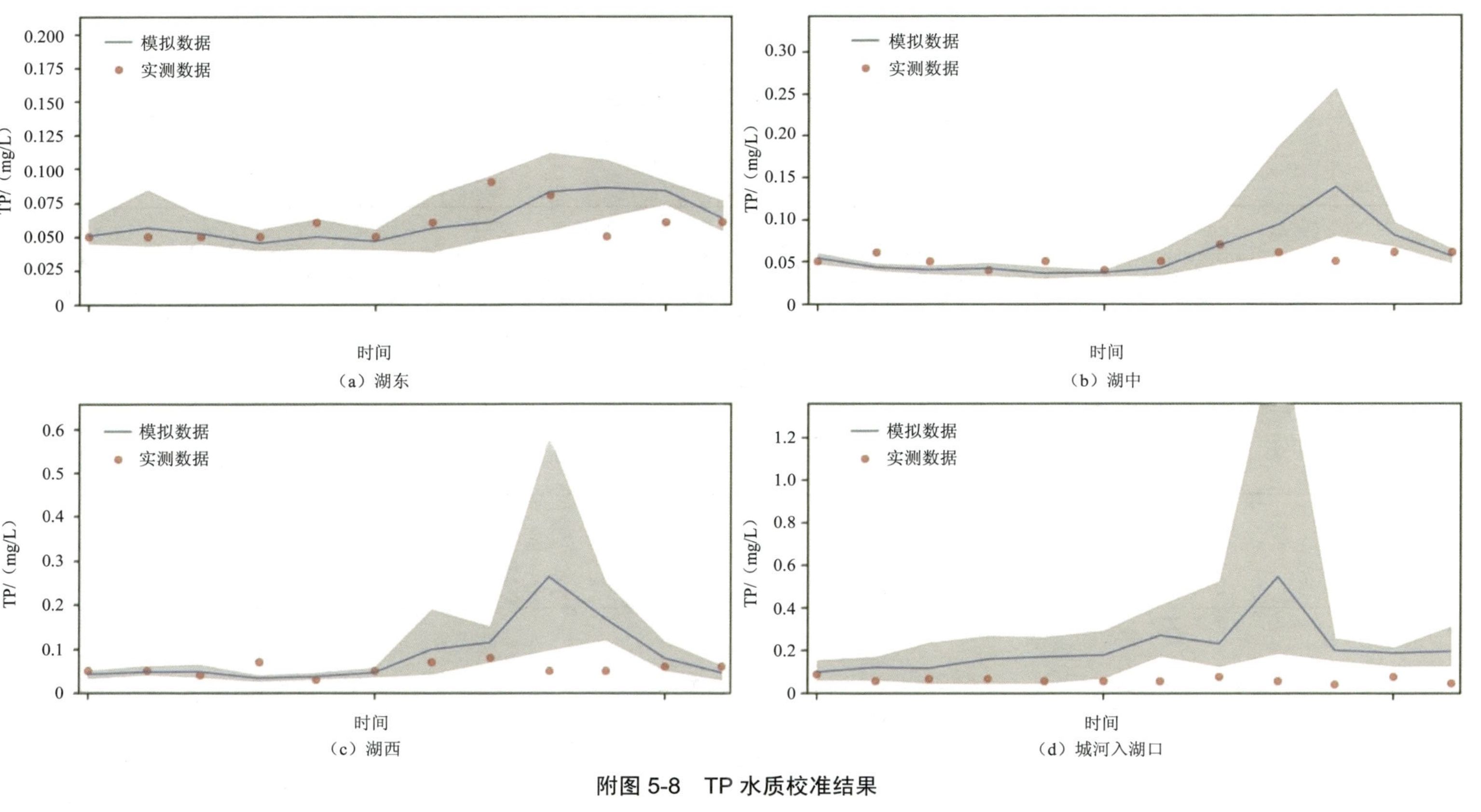

附图 5-8 TP 水质校准结果

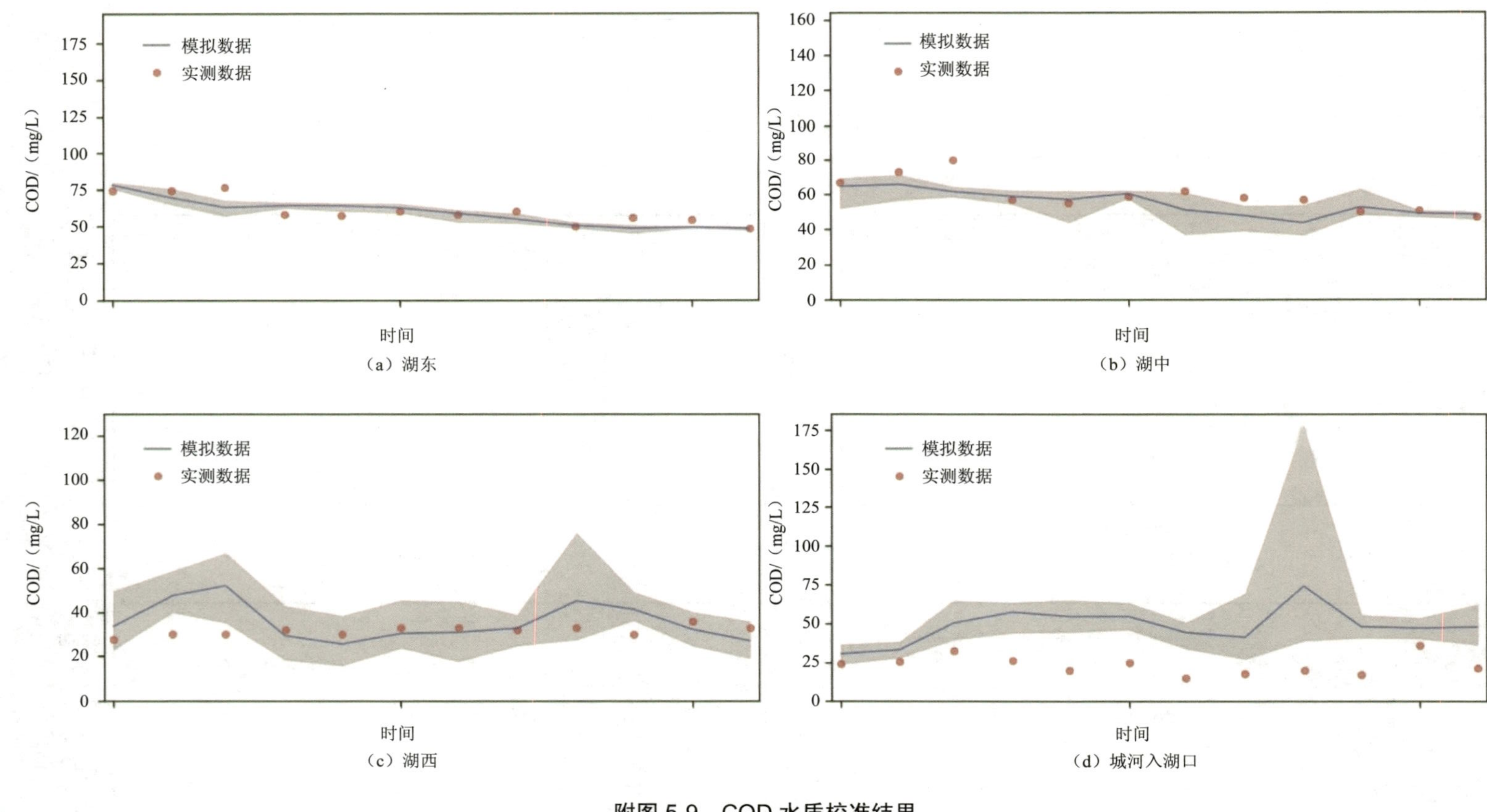

附图 5-9 COD 水质校准结果

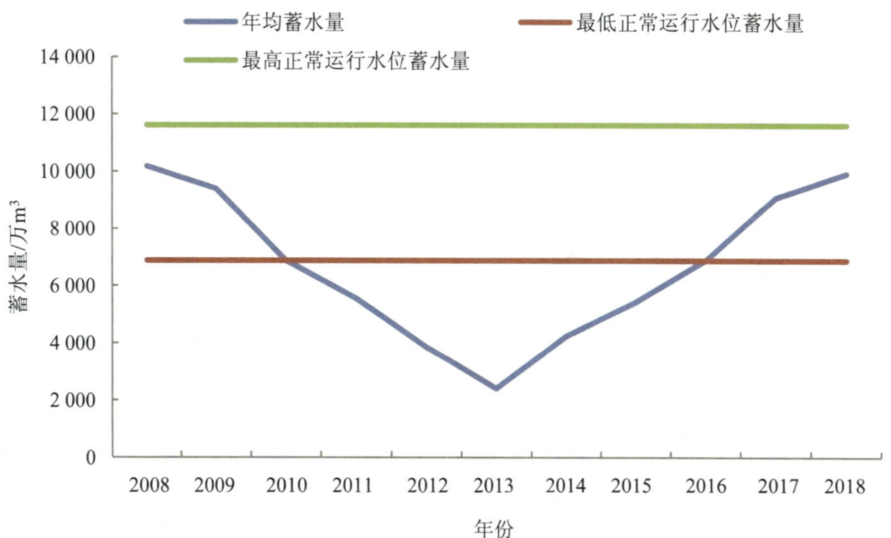

附图 5-10 湖泊年均蓄水量统计

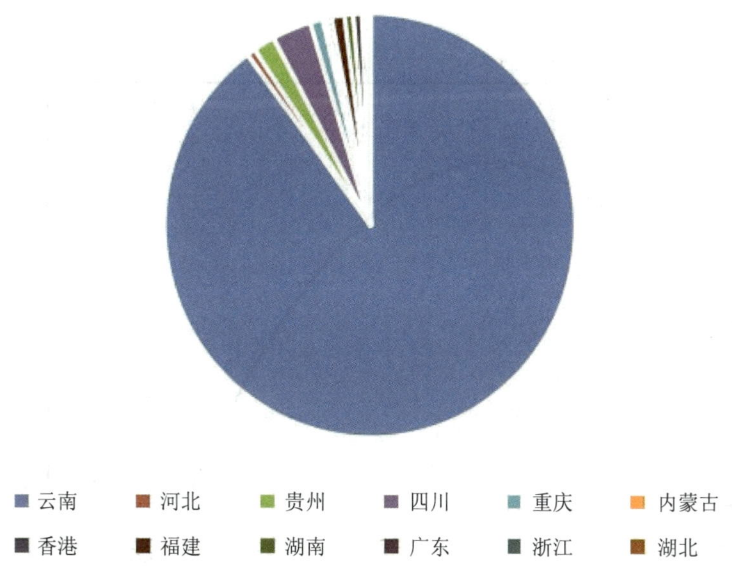

附图 6-1 游客居住地统计情况

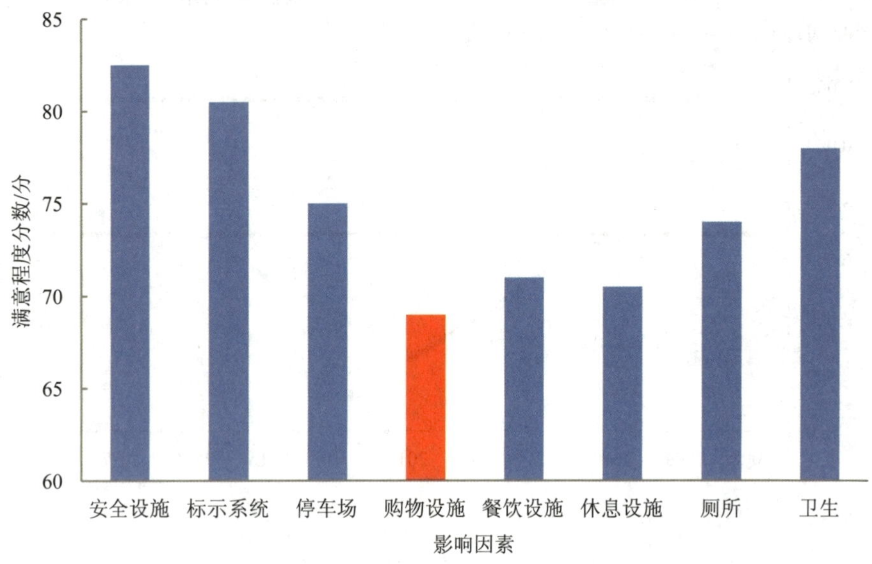

附图 6-2 各要素的游客满意度分数

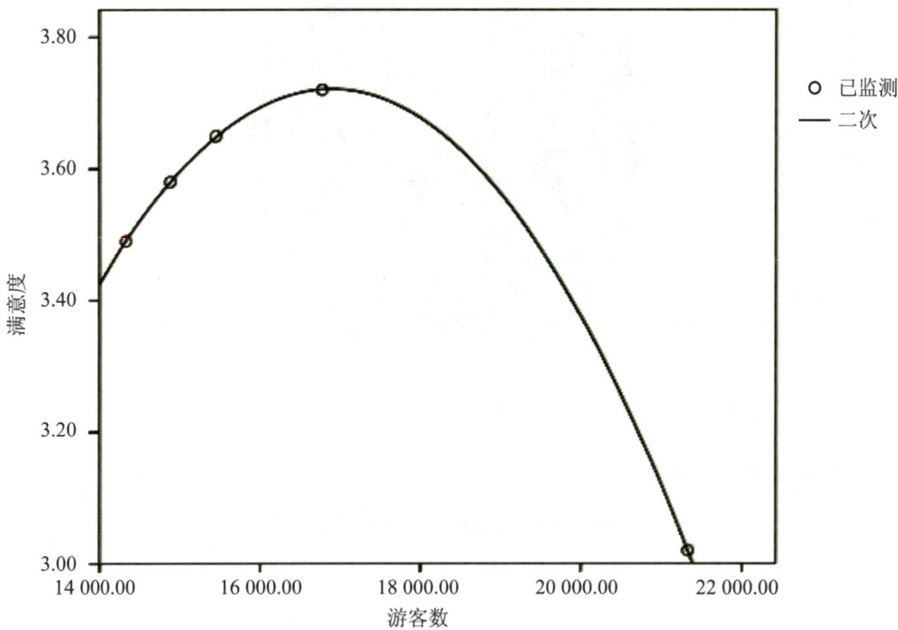

附图 6-3 游客满意度曲线

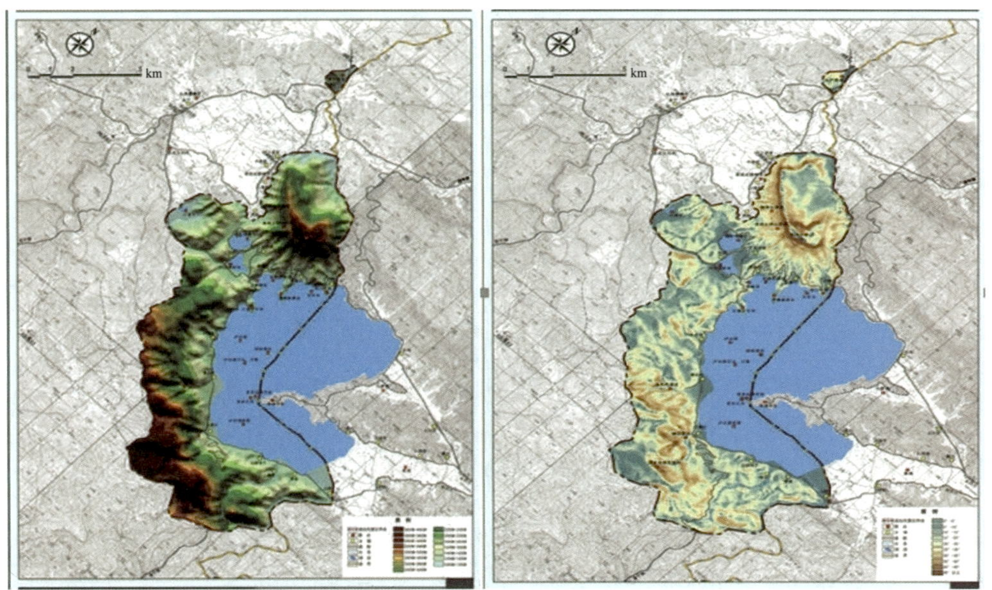

附图 8-1　泸沽湖流域地形地貌

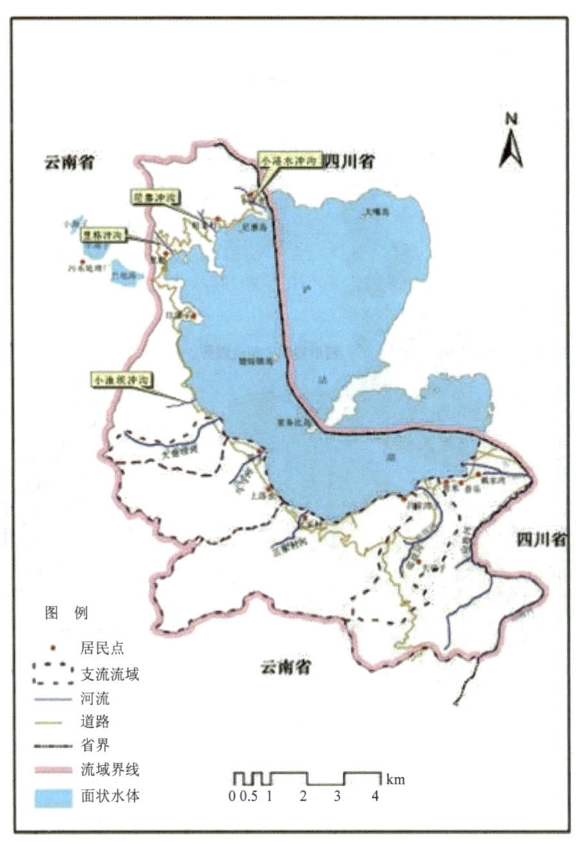

附图 8-2　泸沽湖流域水系

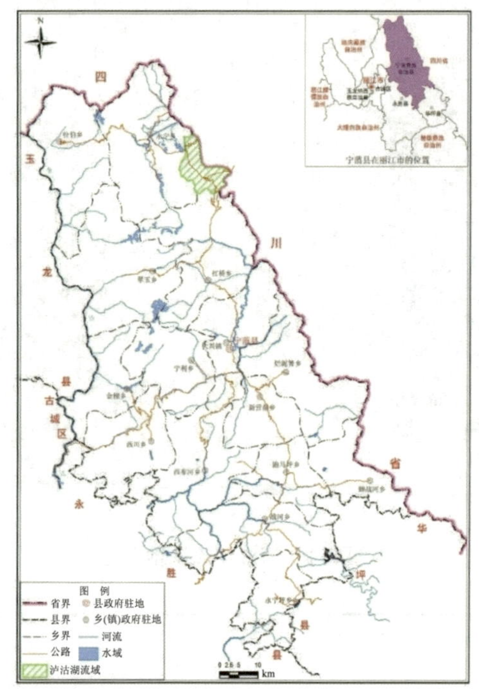

附图 8-3　泸沽湖流域地理位置及行政区划

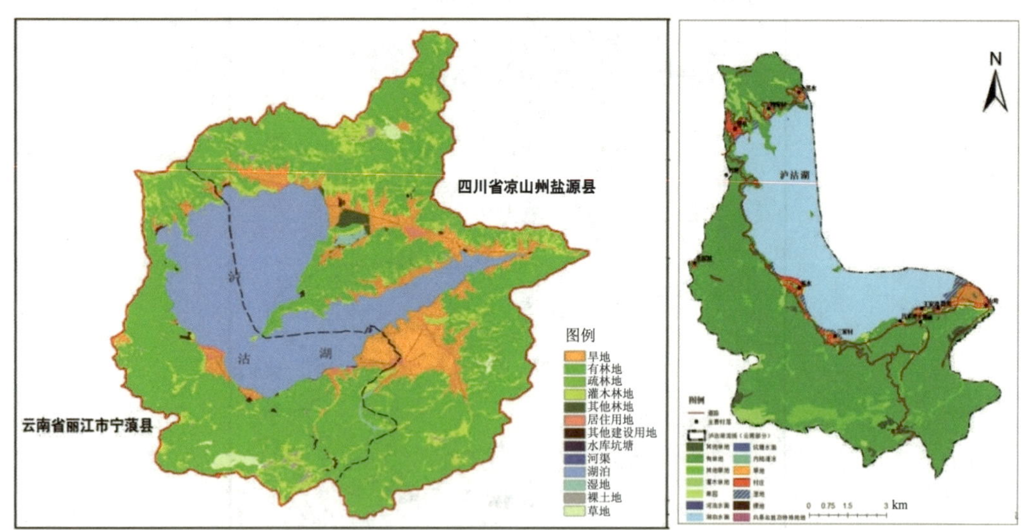

附图 8-4　泸沽湖流域土地利用现状

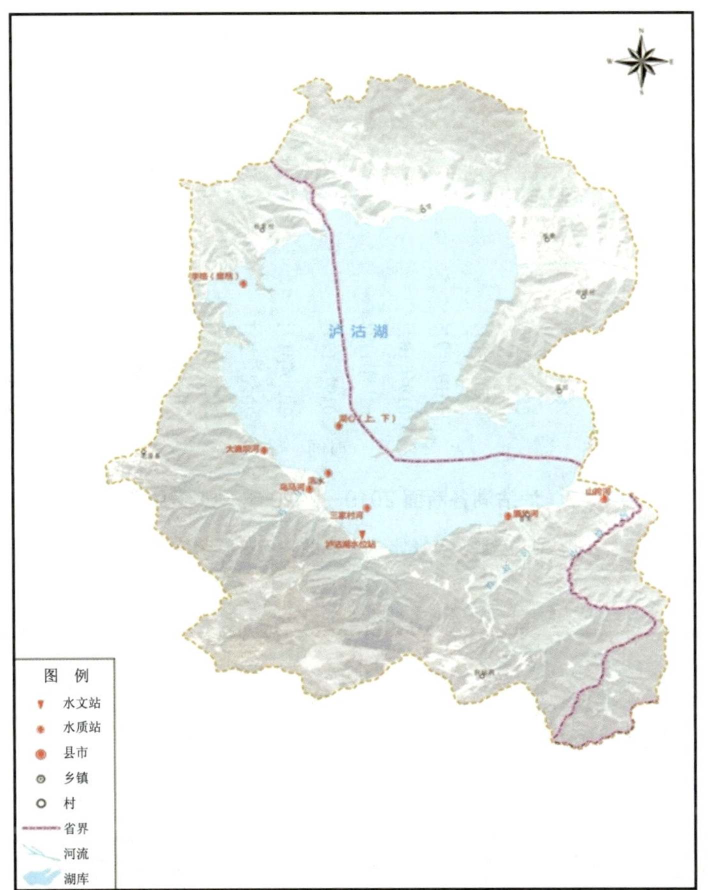

附图 8-5 泸沽湖监测点位

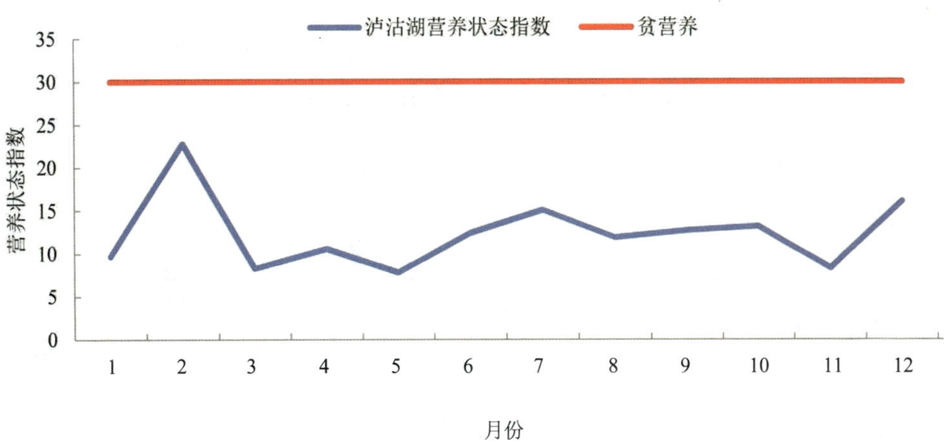

附图 8-6 泸沽湖 2020 年逐月营养状态指数变化趋势

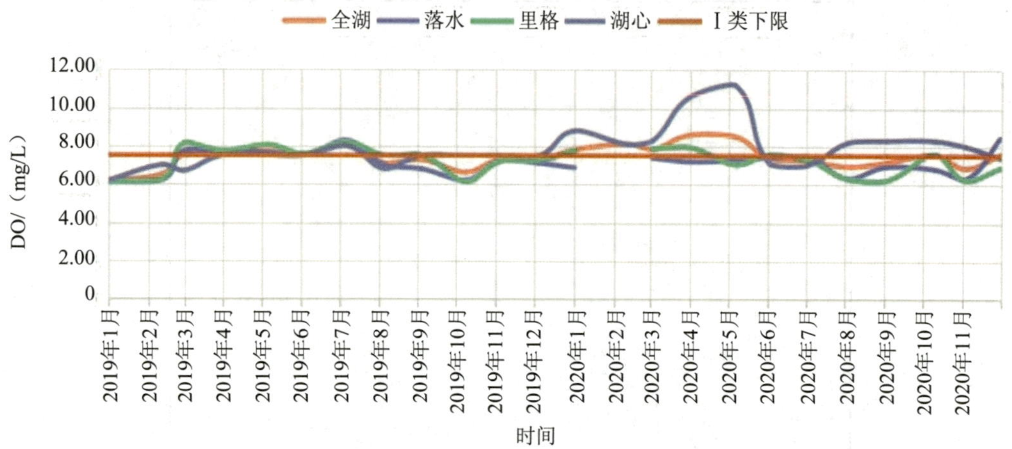

附图 8-7 泸沽湖各断面 2019—2020 年 DO 逐月变化趋势

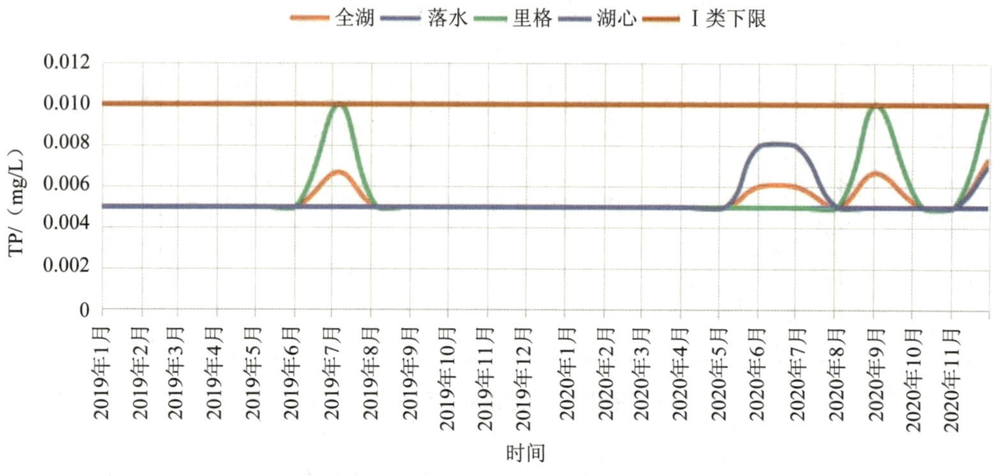

附图 8-8 泸沽湖各断面 2019—2020 年 TP 逐月变化趋势

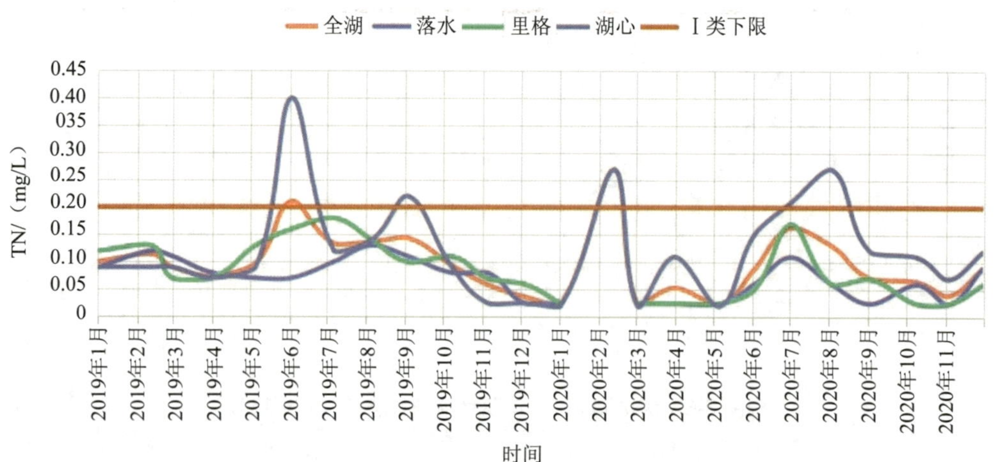

附图 8-9 泸沽湖各断面 2019—2020 年 TN 逐月变化趋势

透明度
线性（透明度）
13.0
12.5
12.0
11.5
11.0
10.5
10.0
9.5
透明度/m
2010
2011
2012
2013
2014
2015
2016
2017
2018
2019
2020
年份

（a）透明度

DO
线性（DO）
7.9
7.8
7.7
7.6
7.5
7.4
7.3
7.2
7.1
7.0
6.9
DO/（mg/L）
2010
2011
2012
2013
2014
2015
2016
2017
2018
2019
2020
年份

（b）DO

TN
线性（TN）
0.16
0.14
0.12
0.10
0.08
0.06
0.04
0.02
0
TN/（mg/L）
2010
2011
2012
2013
2014
2015
2016
2017
2018
2019
2020
年份

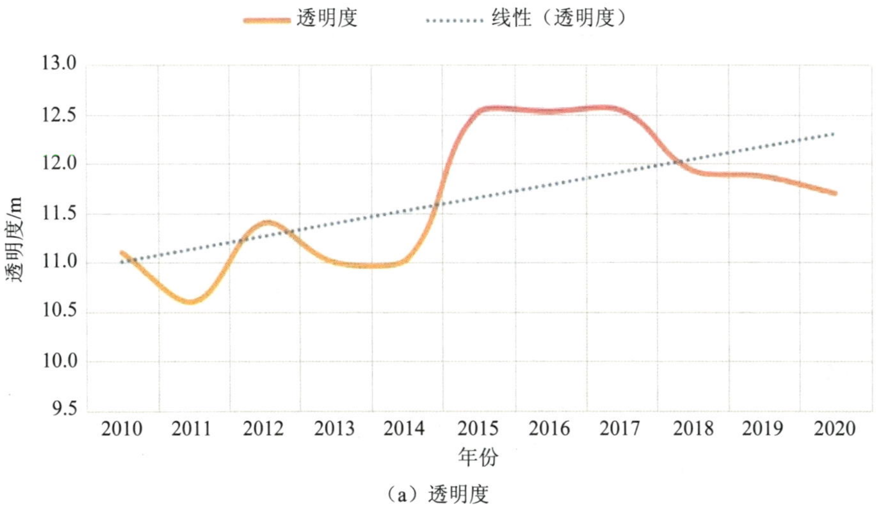

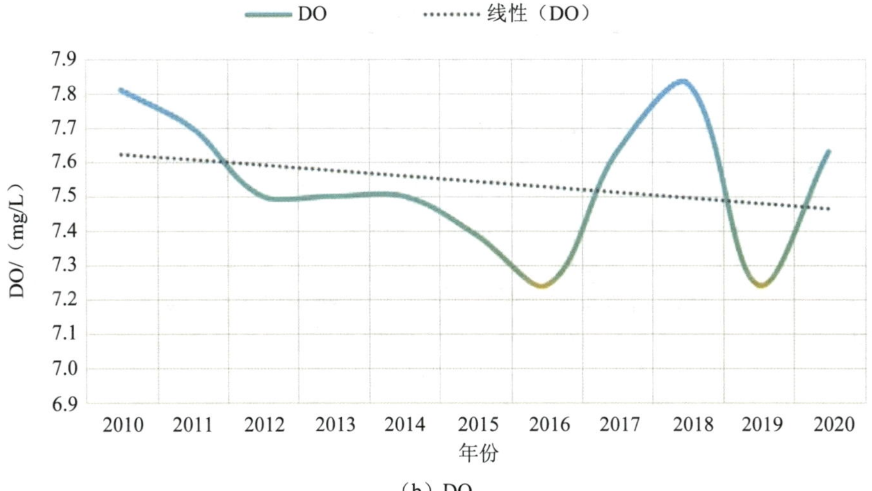

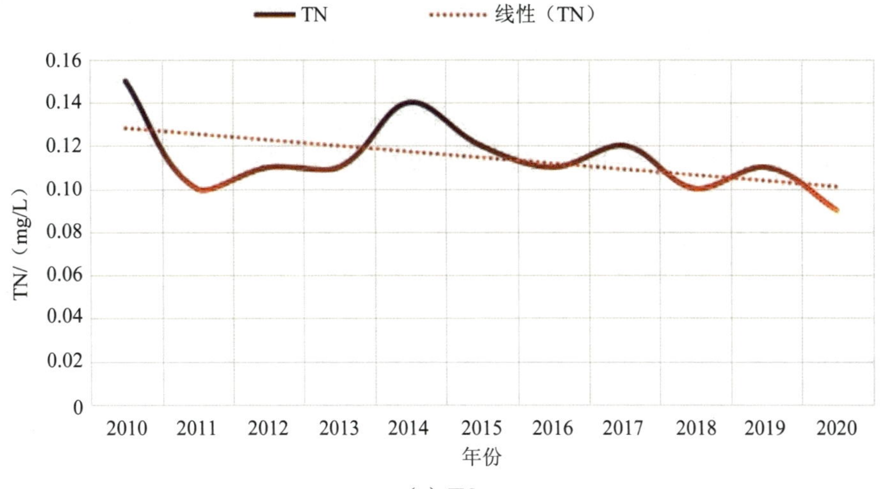

（c）TN

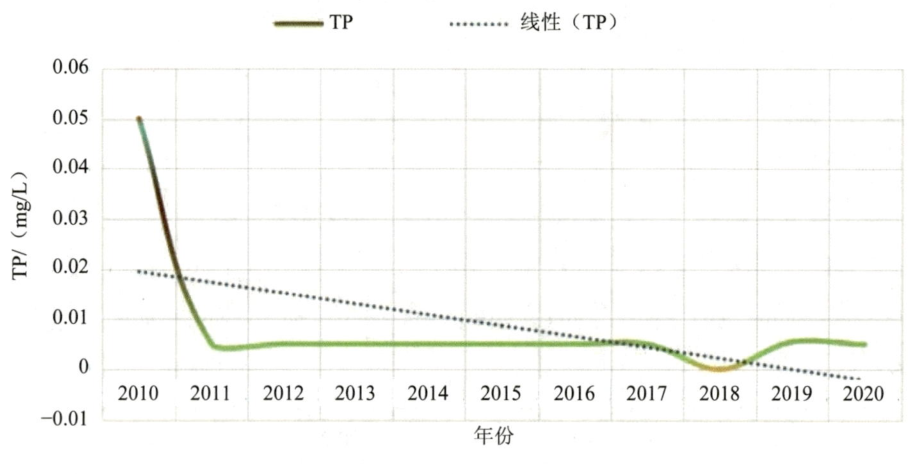

（d）TP

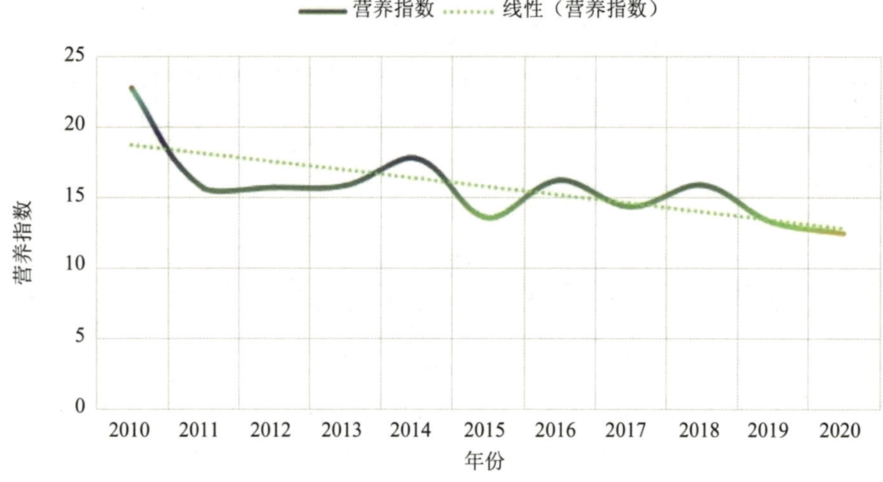

（e）营养指数

附图 8-10　泸沽湖主要水质指标的多年变化趋势

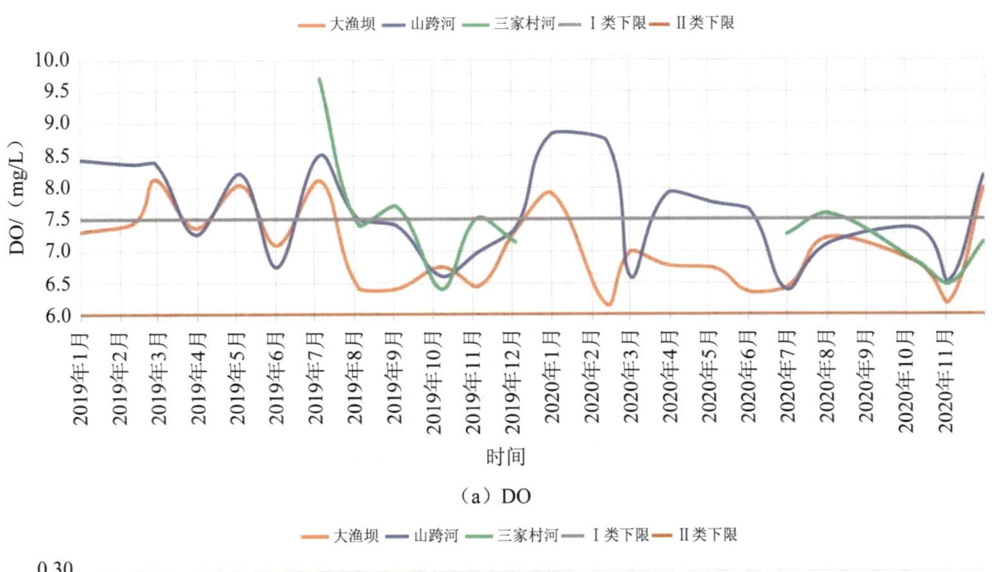

（a）DO

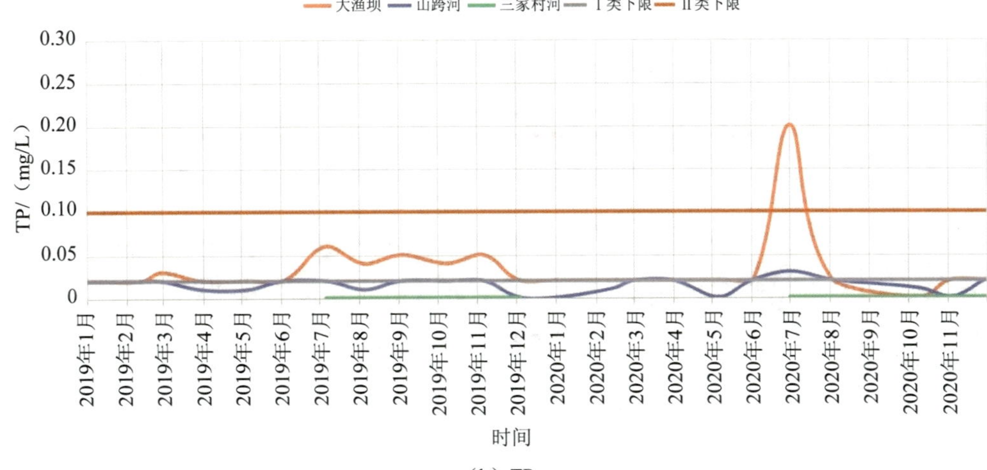

（b）TP

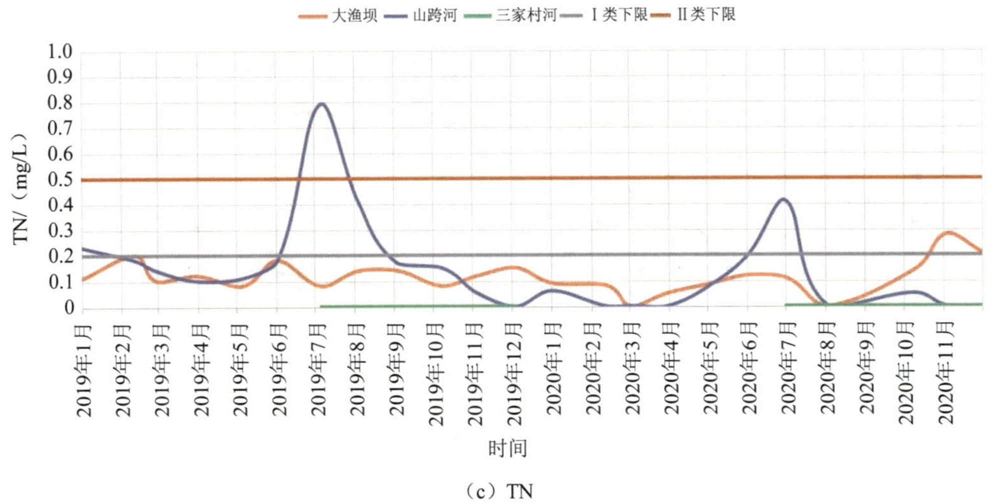

（c）TN

附图 8-11　泸沽湖 2019—2020 年主要水质指标的逐月变化趋势

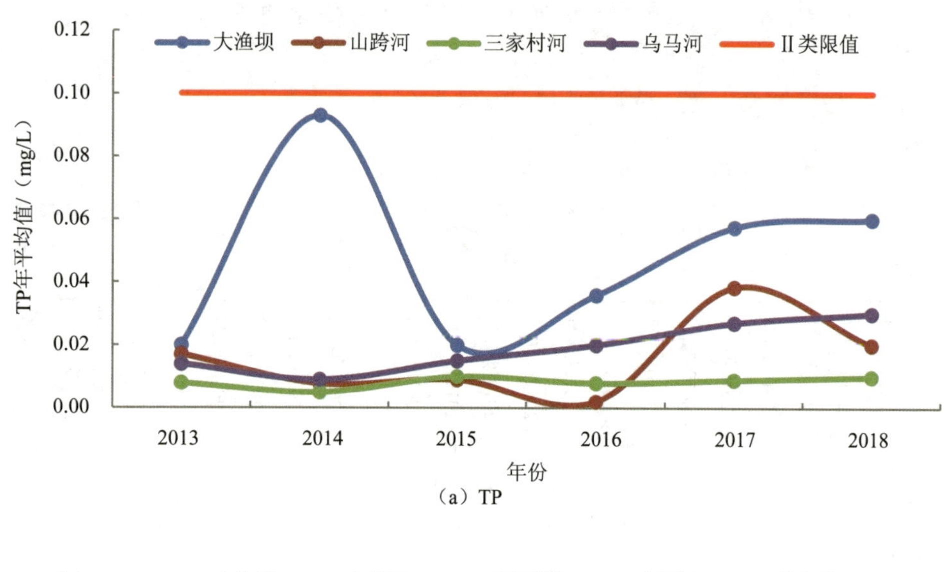

（a）TP

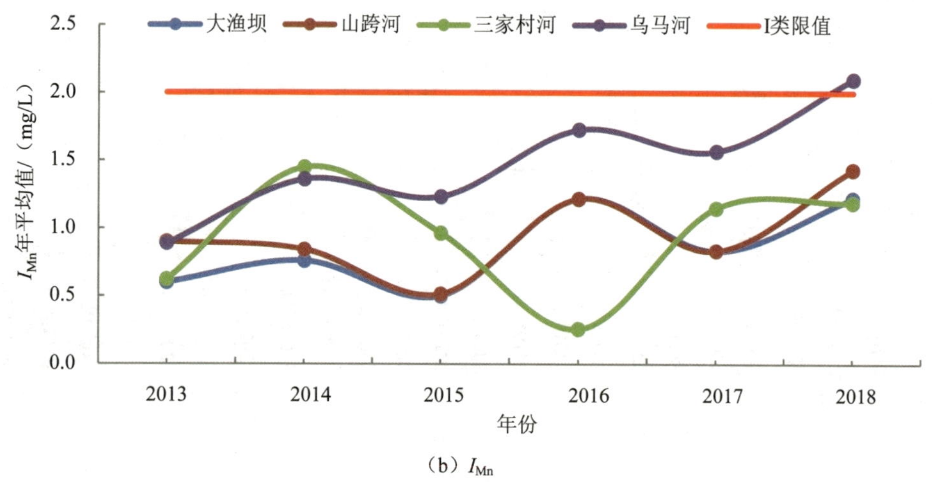

（b）I_{Mn}

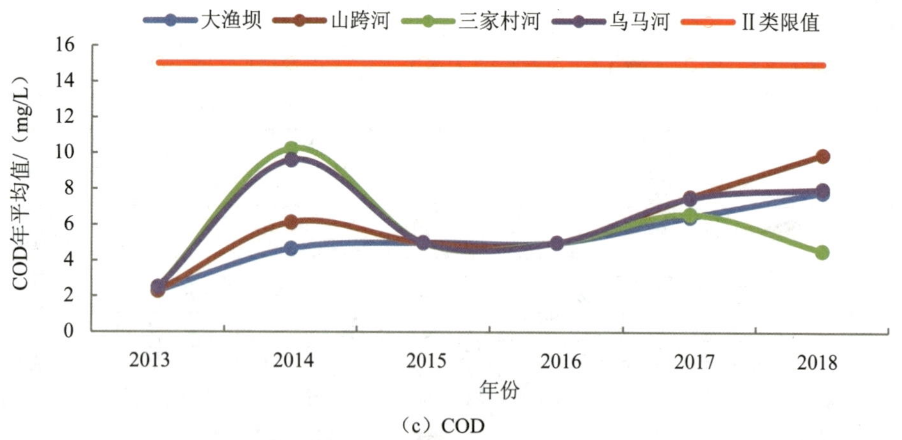

（c）COD

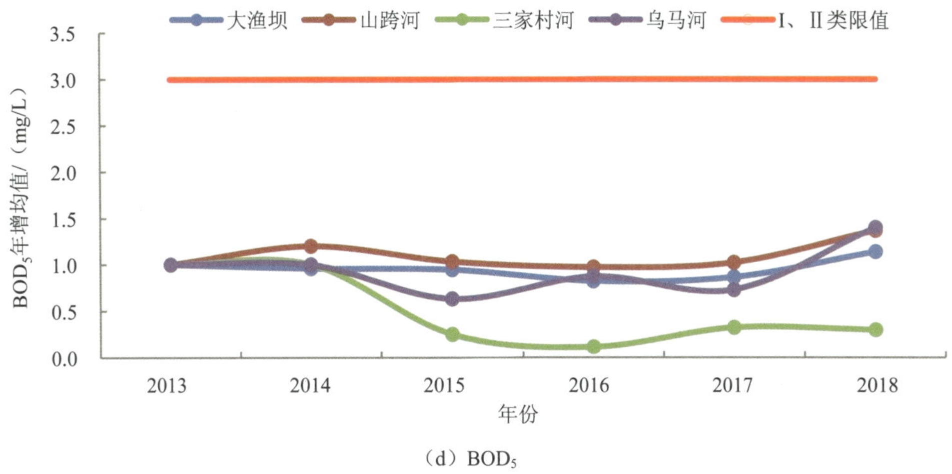

（d）BOD_5

附图 8-12　泸沽湖 4 条主要入湖河流主要水质指标的多年变化趋势

附图 8-13　泸沽湖景区取水方式